W0255217

40 Jahre Fernsprecher

Stephan—Siemens—Rathenau

Von

Oskar Grosse

Mit 16 Textabbildungen

Berlin
Verlag von Julius Springer
1917

ISBN-13: 978-3-642-64914-1 e-ISBN-13: 978-3-642-64929-5
DOI: 10.1007/978-3-642-64929-5

Reprint of the original edition 1917

Vorwort.

Ausgangs Oktober 1917 werden es 40 Jahre, daß sich von Berlin aus durch das Reich und über dessen Grenzen hinaus die Nachricht verbreitete, Stephan, Deutschlands volkstümlicher Generalpostmeister, stelle mit Hilfe einiger Telephone erfolgreiche Sprechversuche an. Wenige Tage später ließ Stephan auch schon eine Reichs-Telegraphenanstalt mit Fernsprechbetrieb einrichten. Die deutsche Reichspost wurde damit die erste Verkehrsverwaltung in der Welt, die den Fernsprecher in den öffentlichen Nachrichtendienst eingeführt hat. Stephan erklärte zugleich den Fernsprechbetrieb zum Staatsmonopol, so unzulänglich auch zunächst die gesetzlichen Unterlagen waren, auf die er sich angesichts der Neuheit der Sache stützen konnte. Außerordentlich sind die Verdienste, die sich Stephan hierdurch um sein Vaterland erworben hat. Wohin wären wir z. B. mit unserem Schnellnachrichtendienste gekommen, wenn sich bei Beginn des Krieges das Fernsprechwesen ganz oder auch nur teilweise in den Händen von Privatgesellschaften, wo möglich nichtdeutschen, befunden hätte! Hat doch England erst 1911 sein Fernsprechwesen verstaatlicht. Und welches ungeheueren Aufwandes an Reichsmitteln hätte es bedurft, um in Deutschland nachträglich, so wie England dies schließlich tun mußte, die Fernsprechanlagen aus privatem Besitz anzukaufen. Das alles ist dem Reich und seinen Steuerzahlern dank Stephans weitem Vorausblick und zäher Energie erspart geblieben. Bei der jetzt bevorstehenden 40 jährigen Wiederkehr des Tages, wo sich dem Fernsprecher ein beispielloser Triumphzug durch die Welt erschloß, wenden sich deshalb unsere Gedanken willig für einige Augenblicke von der hochbewegten Gegenwart ab und vergangenen Tagen zu, die uns eine der bedeutendsten Erfindungen des menschlichen Geistes geschenkt haben, und dazu durch einen deutschen Mann. Denn erfunden wurde das ingeniöse Gebilde des Fernsprechers nicht in Amerika, wie oft angenommen wird, sondern durch den Lehrer Philipp Reis in Friedrichsdorf bei Homburg v. d. Höhe. Es war ihm bei Lebzeiten nicht vergönnt, den Ruhmeslohn für seine Erfindung zu ernten. Aber auch Stephan sollte es widerfahren, daß man seine Verdienste um die Einführung des Fernsprechers nachträglich wieder zu verkleinern gesucht hat, indem neuerdings in Veröffentlichungen unter Hinweis auf mancherlei Einzelheiten behauptet wird, daß der vor einigen Jahren verstorbene Generaldirektor der Berliner A. E. G. Emil Rathenau die Verwertung des Fernsprechers für den Nachrichtendienst in Deutschland zuerst angeregt, bei Stephan jedoch für die Tragweite dieser Idee zunächst kein Verständnis gefunden habe. Es ist mir möglich gewesen, den bisher bekannten Tatsachenstoff durch neues Material so zu ergänzen, daß über die Verdienste Stephans auf diesem Gebiete kein Zweifel mehr herrscht, und daß sich nunmehr auch die Beziehungen klar übersehen lassen, die s. Z. zwischen Emil Rathenau und der Reichs-Postverwaltung in dieser Hinsicht bestanden haben.

Die Namen dreier deutscher Männer: Philipp Reis, Heinrich Stephan und Werner Siemens sind in erster Linie mit der Erfindung, Einführung und technischen Formung jenes unscheinbaren Instruments für immer verknüpft, das sich inzwischen im Staats- und im Gesellschaftsleben zu einem Machtfaktor entwickelt hat, und das im Donner der Schlacht wie bei friedlicher Arbeit für jede Art menschlicher Tätigkeit gleich unentbehrlich geworden ist. Dessen mögen wir Deutsche mit Stolz eingedenk bleiben.

Berlin, 9. August 1917.

O. Grosse.

1. Die Erfindung des Telephons durch den Lehrer Philipp Reis in Friedrichsdorf bei Homburg v. d. Höhe.

Bei den ersten Versuchen, die in Deutschland 1877 mit einem praktisch brauchbaren Fernsprecher angestellt worden sind, wurden amerikanische Fernsprechapparate benutzt, die Professor Graham Bell in Boston erbaut hatte. In seiner grundlegenden Idee fußte der Bellsche Fernsprecher auf einem Apparat, der 1860 von dem Lehrer Philipp Reis [1]) in Friedrichsdorf bei Homburg v. d. Höhe erfunden worden war. Das Reissche „Telephon", wie es Reis selbst getauft hatte, war für den täglichen Gebrauch noch nicht geeignet gewesen. Reis hatte seine Erfindung zwar wiederholt, erstmalig 1861 im Jahresbericht des Physikalischen Vereins zu Frankfurt (Main), veröffentlicht und auch durch einen Mechaniker, Wilhelm Albert in Frankfurt (Main), in einer Reihe von Stücken herstellen lassen, die dann an Liebhaber verkauft wurden. Da man aber damals in Deutschland, namentlich auch in der gelehrten Welt, die Tragweite der Reisschen Erfindung vorläufig nicht annähernd erkannte, sie vielmehr überwiegend für eine interessante Spielerei ansah, fand sich im Lande des Erfinders kein Unternehmer, der ihm die Hand zur praktischen Vervollkommnung des genialen Apparats geboten hätte. Bald geriet das Reissche Telephon in Deutschland wieder ganz in Vergessenheit. In seiner „Geschichte der Technologie", die Karl Karmarsch 1872 in München mit Unterstützung der Historischen Kommission der Bayerischen Akademie der Wissenschaften herausgab, ist über Reis und seinen Apparat nichts zu finden [2]). Sarkastisch schrieb später (6. November 1877) Werner Siemens an seinen Bruder Karl in London, indem er auf das alte Berliner Weihnachtsmarkttelephon — zwei Waldteufel, die durch einen Bindfaden verbunden waren —

verwies: „Wir Esel haben zwar dies Wunder des deutlichen Verstehens auf sechzig Fuß und mehr Entfernung angestaunt, aber die Sache nicht verfolgt, auch dann nicht, als Reis es elektrisch zu machen versuchte [3]). So nahm der Reissche Fernsprecher denselben Weg, der dem von Gauß und Weber in Göttingen 1833 erfundenen elektrischen Telegraphen beschieden gewesen war: die deutsche Erfindung wanderte nach England und Nordamerika, wurde dort weiter verbessert sowie für den praktischen Verbrauch hergerichtet und kehrte nunmehr als eine in Amerika patentierte Erfindung nach Deutschland zurück. Hier ist nun allerdings der Bellsche Apparat erfreulicherweise von maßgebender Seite niemals als eine neue Erfindung anerkannt worden. Auch in Österreich, Frankreich und anderwärts hat man sich diesem Standpunkte später angeschlossen. Einer der ersten ausländischen Gelehrten, der auf Grund eingehender wissenschaftlicher Untersuchungen unserem Reis die Erfindung des Fernsprechers zugesprochen hat, war 1883 der englische Physiker Professor Silvanus Thompson [4]). Späterhin trat auch ein amerikanischer Gelehrter W. H. Sharp in dessen Fußstapfen. In einer in der Zeitschrift „Scientific American“ vom 15. Juli 1905 hierüber veröffentlichten Arbeit weist Sharp nach, daß bereits 1862 ein Reisscher Fernsprechapparat in ein naturwissenschaftliches Institut nach Edinburgh gelangt und den Lehrern und Studenten der dortigen Universität und Hochschule vielfach vorgeführt worden sei. Dieser Umstand in Verbindung mit der Tatsache, daß der spätere Professor Alexander Graham Bell 1862/63 in Edinburgh — wo er 1847 geboren wurde — an der Hochschule studiert und dabei für physikalische und sonstige Apparate besonderes Interesse betätigt hat, berechtigt nach Sharps Überzeugung zu der geradezu sicheren Annahme, daß Bell bereits damals den Reisschen Fernsprecher auch experimentell kennengelernt habe. Jedenfalls ist auf Grund einer Reihe wissenschaftlicher Arbeiten von Gelehrten verschiedener Nationen im Laufe der Jahre einwandfrei festgestellt worden, daß sowohl Bell als auch andere ausländische Erbauer von Fernsprechern die Reissche Erfindung gekannt und sich auf sie gestützt haben [5]). So gilt das Reissche Telephon jetzt nicht

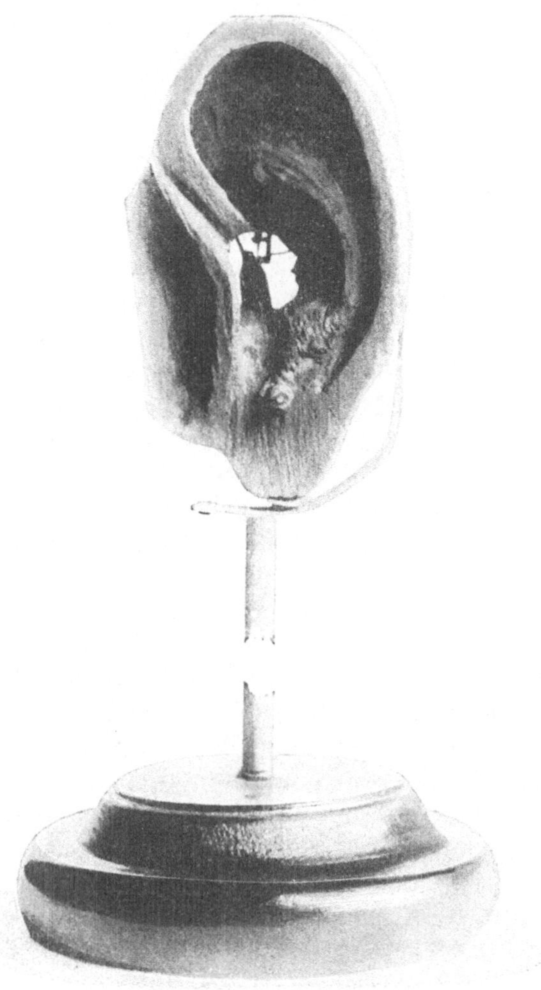

Abb. 1. Künstliches Ohr von Reis.
(Nach dem im Reichs-Postmuseum befindlichen Urstück.)

nur im deutschen Vaterland als Ausgangspunkt des Fernsprechwesens.

Es ist außerordentlich beachtenswert, was Reis die Anregung zu seiner Erfindung gegeben hat. Sie kam ihm, als er die Funktionen der einzelnen Teile des menschlichen Ohres studierte. So wie bei Hervorbringung eines Tones das Trommelfell durch die Schallwellen der Luft in Schwingungen versetzt wird, die dabei genau denen des Tones entsprechen, wie sich ferner diese Schwingungen unverändert auf die hinter dem Trommelfelle liegenden Gehörknöchelchen übertragen, nämlich vom Stiele des Hammers und dessen Kopf zum Amboß, von hier zum Steigbügel und damit zum Labyrinth, wo der Gehörnerv beginnt — ebenso mußte es nach Reis' Ansicht möglich sein, einen Apparat zu bauen, der einem bestimmten Ton entsprechende Luftschwingungen erzeugt, die dadurch bei dem Hörer den gleichen Eindruck wie der Ton selbst hervorrufen. Der von Reis nach Anfertigung zahlreicher Modelle schließlich konstruierte Apparat bestand aus zwei Teilen, dem Geber und dem Empfänger. Ein Kästchen mit Schallrohr, in das man hineinsprach und das durch eine Membrane (aus Schweinsdünndarm) verschlossen war, bildete den Geber. Auf der Membrane saß ein Platinstückchen, das mit dem einen Pole der Batterie in leitender Verbindung stand. Indem sich dieses, wie Reis folgerte, beim Hineinsprechen mit der Membrane hin und her bewegte und dabei zeitweilig ein zweites Platinstückchen berührte, an dem der andere Poldraht der Batterie lag, wurde der Strom abwechselnd geschlossen und unterbrochen. Dieser „Stromunterbrecher" entsprach der Betätigung, die Amboß und Hammer im menschlichen Ohr ausüben. Hier wie dort handelte es sich in Wirklichkeit allerdings nicht um Unterbrechungen, sondern um Druckänderungen bzw. um Änderungen des Widerstandes des Stromes an der Berührungsstelle der beiden Platinstückchen. Die dadurch hervorgerufenen Schwankungen in der Stärke des vorhandenen Stromes gelangten durch den Schließungsbogen der Batterie (Leitung) zum Empfangsapparat. Diesen bildete eine Spule von isoliertem Draht, in deren Mitte sich ein Eisenstab befand. Daß ein solcher Stab einen Ton — in der

Hauptsache den Eigenton des Stabes — hervorruft, wenn der Stab durch einen ihn in raschen Unterbrechungen umfließenden elektrischen Strom fortgesetzt magnetisiert und wieder entmagnetisiert wird, war erstmalig schon 1837 von dem Amerikaner Dr. Page beobachtet worden. Indem Reis diese an sich bekannte Erscheinung („galvanische Musik") für seinen Empfänger verwertete, erzielte er den überraschenden Erfolg, daß der von dem

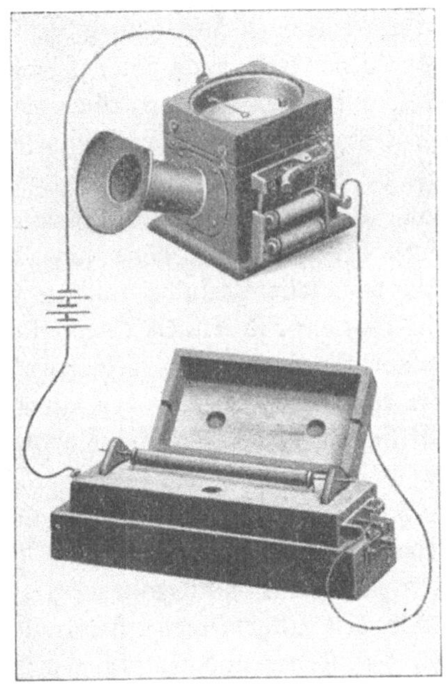

Abb. 2. Das zweiteilige Reis-Telephon.
(Nach den im Reichs-Postmuseum befindlichen Urstücken.)

Eisenstabe hervorgebrachte Ton mit dem genau übereinstimmte, den die Membrane des Gebers aufgenommen hatte. Dieser Stab konnte somit jetzt die verschiedensten Töne wiedergeben. Der Schwerpunkt der Reisschen Erfindung liegt aber doch in der Konstruktion des Gebers und inbesondere in dessen „Stromunterbrecher".

Nicht selten findet man in der Literatur die Ansicht vertreten, daß der Reissche Apparat nur Töne, nicht aber auch die

Sprache übermitteln konnte. Es ist richtig, daß Sprechversuche mit dem Reisschen Telephon des öfteren teilweise oder ganz mißglückt sind, und daß auch der Erfinder selbst dies hat erfahren müssen. Gleichwohl ist der Reissche Apparat keineswegs ein bloßes Contelephon gewesen. Der bekannte amerikanische Professor Hughes, der Erfinder des nach ihm benannten Typendruck-Telegraphierapparats sowie des Mikrophons, hat, nach einer von ihm 1895 in London gemachten und damals in englischen Fachzeitschriften veröffentlichten Mitteilung, im Jahre 1865 ein Reis-Telephon, das ihm Reis nach St. Petersburg übersandt hatte, dem Kaiser Alexander II. praktisch vorgeführt, wobei es gelang, auch gesprochene Worte vollkommen deutlich durch den Apparat wiederzugeben [6]). Ein anderer amerikanischer Gelehrter J. Paddock, dem 1885 eins der ersten echten von Reis zu seinen Versuchen benutzten Telephone zugegangen war, und der damit nunmehr seinerseits Versuche anstellte, vermochte „eine große Anzahl von Worten und Sätzen ebenso klar und deutlich, wie es mit den damaligen neueren Telephonen möglich war, zu geben und zu empfangen" [7]). Zu den gleichen Ergebnissen führten wissenschaftlich-praktische Versuche, die Professor Silvanus Thompson in Bristol zu Anfang der achtziger Jahre [4]), sowie Professor Eugen Hartmann in Frankfurt (Main) [8]) noch 1898 mit Reisschen Originaltelephonen unternommen haben.

Daß der von Reis uns hinterlassene Fernsprecher [9]) sich dessenungeachtet für den allgemeinen Gebrauch nicht eignete, lag einmal daran, daß Geber und Empfänger zwei verschiedene Apparate bildeten, was ein Sprechen in beiden Richtungen recht umständlich machte. Ein weiterer Nachteil ergab sich aus der Benutzung jener tierischen Membrane, die — was auch J. Paddock an der Hand seiner Versuche hervorhebt — allmählich die Feuchtigkeit des Atems aufnahm, dadurch ihre Elastizität einbüßte und infolgedessen den Luftschwingungen nicht mehr genau folgen konnte. Hieraus erklärt sich wohl auch, weshalb manchmal die Sprechversuche versagt haben und die übermittelten Töne leicht etwas Näselndes an sich hatten.

Reis starb, 40 Jahre alt, 1874. Verstimmt über die nur

recht bedingte Aufnahme, die seine Erfindung in der Öffentlichkeit fand, hatte er den Fernsprechapparat schon in den sechziger Jahren wieder beiseite gelegt. „Die Erfindung kam zu früh für die Welt", schreibt Thompson in seinem Werke über Reis. Nicht zuletzt hing dies auch mit den damaligen allgemeinen Verkehrsverhältnissen zusammen. Gab es doch bis 1866 in den deutschen Landen nicht weniger als 17 selbständige Telegraphenverwaltungen, darunter selbst solche in einzelnen Städten wie Lübeck, Bremen, Hamburg und Frankfurt (Main). Eine derartige Buntscheckigkeit und territoriale Beschränktheit im Schnellnachrichtenverkehr Deutschlands konnte aber nicht dazu beitragen, von Staats wegen eine Erfindung zu fördern, die dazu bestimmt war, den Telegraphenverkehr in mehr als einer Hinsicht grundsätzlich umzugestalten.

2. Das Bell-Telephon.

Anfang 1876 konstruierte Bell seinen ersten Fernsprecher. Das praktische Ergebnis war zunächst gleich Null. Weitere Probestücke folgten rasch hintereinander. Das dritte, das, wie beim Reisschen Telephon, aus einem Geber und Empfänger bestand, stellte Bell noch in demselben Jahre auf der Weltausstellung in Philadelphia aus. Hier wurde sein Apparat erstmalig am 9. Oktober 1876 vorgeführt und dabei von dem englischen Physiker Sir William Thomson einer eingehenden Prüfung unterzogen. Nebenbei bemerkt, bekam auch der damalige Ingenieur Emil Rathenau aus Berlin, der spätere Generaldirektor der A. E. G., als er die Ausstellung besuchte, diesen Typ dort zu Gesicht. Der Bellsche Geber bestand aus einem Schalltrichter, dessen kleinere Öffnung eine tierische Membrane (Goldschlägerhaut) abschloß. Auf dieser Lamelle war ein Stückchen Uhrfeder befestigt. Ihr gegenüber befand sich in wagerechter Anordnung ein Elektromagnet. Beim Sprechen in den Schalltrichter geriet die Membrane mit dem Stahlplättchen, dem Anker des Elektromagneten, in Schwingungen. Dadurch entstand in den Umwindungen des Elektromagneten ein Induktionsstrom, der in demselben Maße, wie sich der Anker den beiden Polen näherte oder von ihnen entfernte, an Stärke zu- oder abnahm. Diese „undulatorischen" Ströme, wie Bell sie nannte, riefen Änderungen in der Stärke des den Leitungskreis durchlaufenden, von einer Batterie erzeugten Stromes hervor. In dem am Ende der Leitung befindlichen Empfangsapparat, einem Elektromagneten nebst Anker, die sich in einer besonderen Eisenhülle befanden, wurde der von dem Batteriestrom hervorgerufene Magnetismus des Elektromagneten durch die undulatorischen Ströme entsprechend geändert. Dies hatte zur Folge, daß der Anker, eine Schallplatte aus Eisenblech, bald stärker, bald schwächer angezogen wurde, und dadurch in Schwingungen geriet, die denen der Schallplatte des Gebers entsprachen. Die Bauweise des Bellschen Empfängers beruhte, ebenso wie beim Reisschen Empfänger, auf einem bereits bekannten Prinzip. Elektromagneten dieser Art waren erstmalig um 1850 von Niclès als sogenannte Röhrenelektromagnete entworfen worden.

Vergleicht man diesen in Philadelphia ausgestellt gewesenen Typ des Bellschen Fernsprechers mit dem Reisschen Telephon, so ergibt sich als das Wesentlichste, daß bei beiden mit einem Apparatsystem nur in einer Richtung gesprochen werden konnte. Schon aus diesem Grunde war daher auch der Bellsche Apparat für den praktischen Betrieb noch nicht reif. Dazu kam, daß sich mit ihm vorerst nur auf ganz kurze Entfernungen arbeiten ließ, und daß die übermittelten Laute mit sehr verminderter Stärke und auch durch die Klangfarbe noch nicht hinreichend unterschieden ankamen. So groß auch das Aufsehen war, das der Bellsche Fernsprecher bei den Besuchern der Weltausstellung erregte — William Thomson bezeichnete ihn damals als das Wunder der Wunder der elektrischen Telegraphie —, so blieb doch noch sehr viel zu tun übrig, bis man daran denken konnte, ihn für den allgemeinen Verkehr nutzbar zu machen. Dank der erfolgreichen Unterstützung durch befreundete amerikanische Gelehrte gelang es Bell, bis Mai 1877 diesem Ziele wesentlich näher zu kommen. Auf Anraten eines seiner Mitarbeiter ersetzte er die Elektromagnete des Gebers und Empfängers durch Dauermagnete, auf deren

A WEEKLY JOURNAL OF PRACTICAL INFORMATION, ART, SCIENCE, MECHANICS, CHEMISTRY, AND MANUFACTURES.

Vol. XXXVII.—No. 14.] [NEW SERIES.] NEW YORK, OCTOBER 6, 1877. [$3.20 per Annum. [POSTAGE PREPAID.]

THE NEW BELL TELEPHONE.

Professor Graham Bell's telephone has of late been somewhat simplified in construction and also arranged in more compact portable form. It consists now of but three metal portions and is contained in a casing of wood or light hard rubber, but five and five eighths inches in length and two and seven eighths inches in diameter at the enlarged end. It will be remembered that this telephone differs from all others in that it involves the use of no battery nor of any extraneous source of electricity whatever. The only current employed is that generated by the voice of the speaker himself.

The simplicity of the construction is clearly shown in Fig. 1 of our engravings, in which both sectional and exterior views of the device are given. Referring to the sectional view, A is a permanent magnet, held by the screw shown in the rear. Around one end of this magnet is wound a coil, B, of fine insulated copper wire (silk covered), the ends of which are attached to the larger wires, C, which extend to the rear and terminate in the binding screws, D. In front of the pole and coil, B, is a soft iron disk, E. Finally the whole is inclosed in a wooden casing having an aperture in front of the disk, and which, besides serving to protect the magnet, etc., acts somewhat as a resonator.

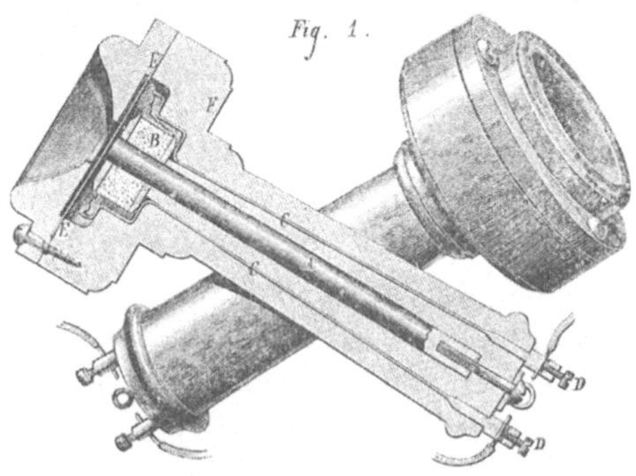

BELL'S NEW TELEPONE.

The principle of the apparatus we have already explained in some detail, but it may be summarized here as follows: The influence of the magnet induces all around it a magnetic field, and the iron diaphragm, E, is attracted towards the pole. Any alteration in the normal condition of the diaphragm, produces an alteration in the magnetic field, by strengthening or weakening it, and any such alteration of the magnetic field causes the induction of a current of electricity in the coil, B. The strength of this induced current is dependent upon the amplitude and rate of vibration of the disk, and these depend in turn upon the air disturbance made by the voice in speaking, or in any other similar source. Therefore, first, a wave of air throws the diaphragm into vibration; second, each movement produces a change in the magnetic field; and third, an induced

[*Continued on page* 212.]

APPLICATIONS OF PROFESSOR BELL'S NEW TELEPHONE.

Abb. 3.

Enden er eine Induktionsspule schob. Damit konnte fortan auf die Benutzung einer Batterie verzichtet werden, was das Apparatsystem sehr vereinfachte. Durch die Leitung wurden nunmehr lediglich die von der menschlichen Stimme selbst erzeugten Induktionsströme übermittelt. Die Verständigung gestaltete sich hierdurch nicht ungünstiger, zumal Bell nach dem Vorbilde der Einrichtung des Empfängers auch den Geber mit einer Schallplatte aus dünnem Eisenblech ausstattete. Denn die Wirkung, die der Anker in dieser Form auf den Magneten ausübte, war, wie dementsprechend auch die Kraft des erzeugten Induktionsstromes, ungleich stärker als die, die das auf dem Goldschlägerhäutchen befestigte Uhrfederstückchen hatte auslösen können. Einen weiteren Vorteil bot die Eisenlamelle durch den hohen Grad von Elastizität, der ihr im Gegensatze zur tierischen Membrane innewohnte und der sie befähigte, Schwingungen jeder Art, unabhängig von äußeren Einflüssen, so vollkommen wie nur möglich auszuführen. Geber und Empfänger stimmten infolge dieser Neuerungen nunmehr in allen wesentlichen Teilen miteinander überein. Das bedeutete einen weiteren, und zwar den wichtigsten Fortschritt seit der Erfindung des Reisschen Telephons. Das Verdienst hierfür gebührt Bell. Jetzt kam es nur noch darauf an, dem Apparat eine einfachere und handlichere Form zu geben. Auch dies gelang bald unter dem Beistande der Bellschen Mitarbeiter.

Damit war nunmehr die Möglichkeit geschaffen, den Bellschen Fernsprecher, wenn auch freilich nur auf kurze Entfernungen, der allgemeinen Nachrichtenübermittlung dienstbar zu machen. In Amerika fand sich jedoch vorerst niemand, der dem Fernsprecher diesen Weg ebnen wollte. Man verwertete das neue Verkehrsmittel vorläufig zur Herstellung kleiner privater Fernsprechlinien, die Grundstücke, meist desselben Besitzers, miteinander verbanden. Nebenher wurde der Fernsprecher zu allerlei Reklamezwecken benutzt, so am 6. November 1877 von der Zeitung „Tribune" in New York zur Übermittlung der Wahlergebnisse zwischen einzelnen Stadtvierteln, wobei es dieser Zeitung, wie sie damals triumphierend berichtete, gelang, ihre Nebenbuhler, den „Herald" und den „Evening Expreß", die sich wie bisher der telegraphischen

Weitergabe der Wahlergebnisse bedient hatten, aus dem Felde zu schlagen. Als daher die ersten Meldungen über die in dieser und anderer Form in Amerika erfolgte Verwendung des Fernsprechers als Nachrichtenmittel nach Europa kamen, konnte es nicht ausbleiben, daß Wahrheit und Dichtung sich dabei miteinander vermengten, und daß dem Fernsprecher auch Wirkungen zugeschrieben wurden, die außerhalb des Rahmens seiner Leistungsfähigkeit lagen. Das hatte zur Folge, daß man in der Alten Welt gegenüber diesen manchmal recht sensationell aufgemachten Zeitungsmeldungen aus Amerika Zurückhaltung übte. Auch nachdem Bell seinen Apparat der British Association in Plymouth (England) vorgeführt hatte, und kurz darauf, Anfang Oktober 1877, einige Bell-Fernsprecher aus Amerika nach London, und zwar in die Hände der englischen Telegraphenverwaltung gelangt waren, dachte diese Verkehrsbehörde vorläufig nicht daran, das neue Verkehrsmittel ihren Zwecken nutzbar zu machen. Zuerst unter allen Ländern sollte der Bell-Fernsprecher vielmehr in Deutschland Eingang finden.

3. Erste Verwendung des Fernsprechers im öffentlichen Nachrichtendienste durch den Generalpostmeister Dr. Stephan. Werner Siemens' Verdienste um die technische Vervollkommnung des Apparats.

Bis Mitte Oktober 1877 war die Reichs-Postverwaltung hinsichtlich des Bellschen Telephons auf die Mitteilungen angewiesen gewesen, die ihr aus der ausländischen und heimischen Presse hierüber bekannt geworden waren. Über die Einzelheiten der Konstruktion des Apparates wußte sie noch nichts. Die ersten ausführlichen Nachrichten über die in Amerika angestellten Versuche und den Bau des im Laufe des Jahres 1877 praktisch verwendbar gewordenen Bell-Telephons wurden dem Generalpostamt in Berlin durch die amerikanische Fachzeitschrift „Scientific American" vom 6. Oktober 1877[10]). Ein Brief von New York bis Berlin war damals etwa 12 Tage unterwegs. Schon am 18. Oktober 1877, also unverzüglich nach Empfang jener Zeitschrift, richtete das Generalpostamt ein Schreiben an den Elektriker der großen amerikanischen Privat-Telegraphengesellschaft Western Union Telegraph Company, Mr. George B. Prescott in New York. Das Generalpostamt nahm darin auf die „seit längerer Zeit durch amerikanische und englische Zeitungen verbreiteten Nachrichten von den jenseits des Ozeans in der Telephonie gemachten Fortschritten" Bezug und bat um Mitteilung, ob die Western Union Gesellschaft mit dem Bell-Telephon bereits Versuche angestellt und bejahendenfalls, was sie damit erzielt habe. Gleichzeitig fragte das Generalpostamt bei Mr. Prescott an, ob es einen Satz dieser Apparate durch seine Vermittlung käuflich beziehen könnte. Mr. Prescott antwortete dem Generalpostamt unterm 8. November 1877, daß sich seine Gesellschaft auf dem Wege der Versuche noch damit beschäftige, das Bell-Telephon, das vorerst eine Verständigung nur auf 5 bis 10 englische Meilen gestatte, weiter zu vervollkommnen.

Inzwischen war in der zweiten Hälfte des Oktobers der damalige Chef des Londoner Haupt-Telegraphenamts Mr. Fischer, ein gebürtiger Hannoveraner, zur Besprechung von Telegraphen-Tariffragen von London nach Berlin gereist und hatte für Stephan, den er persönlich näher kannte, zwei jener Bell-Telephone, die der englischen Telegraphenverwaltung kurz zuvor aus Amerika zugegangen waren, mitgenommen. An demselben Tage, **24. Oktober 1877**, wo Mr. Fischer diese beiden Apparate Stephan überreichte [11]), ließ dieser bereits im Generalpostamt Versuche damit anstellen. Sie gelangen; ebenso an den folgenden Tagen Versuche auf weitere Strecken, wie von Berlin bis Schöneberg (6 km) und Potsdam (26 km). Es ergab sich, daß man auch noch bis Brandenburg (61 km) — leidlich — sprechen konnte. Dagegen blieb die Verständigung zwischen Berlin und Magdeburg (150 km) ungenügend. Bereits am 31. Oktober 1877 benachrichtigte das Generalpostamt die Inspektion der Militärtelegraphie in Berlin von dem Ausfall dieser Versuche und legte ihr unter Hinweis auf die hervorragende Bedeutung, die das neue Verkehrsmittel für die Heeresverwaltung haben dürfte, nahe, den weiteren Versuchen beizuwohnen. Als am 3. November 1877 die Vollendung der neugeschaffenen Telegraphenlinie Berlin—Hamburg—Kiel in Kiel gefeiert wurde, die einen der Stränge des von Stephan 1876 in Angriff genommenen großen deutschen unterirdischen Telegraphennetzes bildete, ließ Stephan in Gegenwart hervorragender Gelehrter wie Kirchhoff, Dubois-Reymond und Karsten, auch in Kiel Sprechversuche vornehmen, wobei erstmalig und erfolgreich zwei von der Firma Siemens & Halske in Berlin nach dem Bellschen System angefertigte Telephone benutzt wurden. Die erste praktische Verwendung bei der Reichspost fand das Telephon bei einer Fernsprechanlage, die am 5. November 1877 in Berlin zwischen dem Generalpostamt und dem Generaltelegraphenamt zur Einrichtung kam. Unter dem 7. November 1877 schrieb die „National-Zeitung" hierüber folgendes: „Das erste Telephon ist in Berlin wirklich in Dienst gestellt, und zwar von dem Arbeitszimmer des Generalpostmeisters in der Leipziger Straße zu dem Arbeitszimmer des Direktors des Generaltelegraphenamts in der Französischen Straße. Die mündliche Verständigung auf der 2 km langen Leitung ist vollkommen. Der Generalpostmeister spricht in das auf seinem Arbeitstische befindliche Instrument, erläßt mündliche Verfügungen und Anfragen, erteilt mündliche Aufträge und erhält, ebenfalls auf mündlichem Wege, die Berichte und Antworten von dem Direktor des Generaltelegraphenamts, auf dessen Arbeitstisch sich das andere Instrument befindet. Die Verständigung erfolgt unmittelbar, als ob beide Herren sich in ein und demselben Zimmer befänden, und mit vollkommener Deutlichkeit, so daß das Ideal der Abkürzung des Geschäftsganges und der Verminderung des Schreibwerks erreicht ist."

Stephans Entschluß, das neue wunderbare Instrument der allgemeinen Nachrichtenübermittlung dienstbar zu machen, war gefaßt. Am 9. November 1877 entwarf er eigenhändig einen Bericht an den Reichskanzler Fürsten Bismarck, in dem er das Wesen des Telephons und die Ergebnisse der vom Generalpostamt angestellten Sprechversuche darlegte, in großen Zügen andeutete, wie er den wenn auch „noch in der Kindheit liegenden" neuen

Apparat zunächst praktisch zu verwerten beabsichtigte und dem Fernsprecher eine große Zukunft im menschlichen Verkehr voraussagte. Dieser Bericht bildet ein Kulturdokument ersten Ranges.

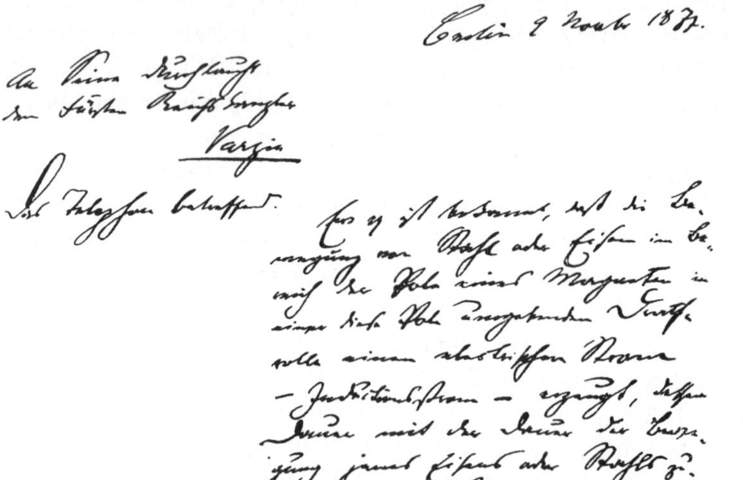

Abb. 4.

Gleichwohl ist er in der wissenschaftlichen Welt (wie auch die auf Seite 61 ff. angeführten Riedlerschen Darlegungen zeigen), noch nicht hinreichend bekannt. Wir geben ihn deshalb in seinen Hauptsätzen nachstehend im Wortlaute wieder.

„Berlin, den 9. November 1877.

An Seine Durchlaucht den Fürsten Reichskanzler
Varzin

Das Telephon betreffend.

Ew. Durchlaucht ist bekannt, daß die Bewegung von Stahl oder Eisen im Bereich der Pole eines Magneten in einer diese Pole umgebenden Drahtrolle einen elektrischen Strom — Induktionsstrom — erzeugt, dessen Dauer mit der Dauer der Bewegung jenes Eisens oder Stahls zusammenhängt. Spricht man gegen eine Stahlplatte oder Eisenplatte, die so dünn ist, daß die menschliche Stimme sie in Schwingungen versetzt, und ist ein Magnet, von Drahtrollen umgeben, in der Nähe: so werden in diesen Rollen elektrische Schwingungen erzeugt, welche den von der Stimme hervorgerufenen Tonwellen genau entsprechen. Die Drahtrollen stehen mit der gewöhnlichen Telegraphenleitung in Verbindung, und die in ihnen entstehenden Stromwellen pflanzen sich durch diese Leitung bis zur Ankunftsstation fort. Auf dieser ist ein gleiches Instrument vorhanden, an dessen dünnen Eisenplättchen die elektrischen Stromwellen sich wiederum in Luftschwingungen, also in Töne für den Hörenden, verwandeln. Es ist ein bekannter Satz der Schallehre, daß, wenn es möglich ist, an einem Orte eine vollkommen gleiche Aufeinanderfolge von Schwingungen hervorzubringen, wie die, welche an einem anderen Orte erzeugt sind, an beiden Orten die gleichen Töne gehört werden.

Auf den vorstehenden Sätzen beruht die Theorie des Telephons. Es ist jetzt etwa ein Jahrhundert her, daß man an der Umkehrung der Magnetpole auf den Schiffskompassen durch einen vorüberfahrenden Blitz auf den Gedanken eines nahen Zusammenhanges der Elektrizität und des Magnetismus gebracht wurde; achtundfünfzig Jahre sind vergangen, seit Oerstedt die Haupterscheinungen des Elektromagnetismus feststellte (1819), während Ampère drei Jahre später den Magnetismus überhaupt auf die Wirkung elektrischer Schwingungen zurückführte: und gegenwärtig haben diese Forschungsergebnisse im Verein mit den schon länger bekannten Lehrsätzen der Akustik zu der Erfindung des Telephons geführt, welcher nach meiner Überzeugung noch eine große Zukunft im Bereiche des menschlichen Verkehrs bevorsteht.

Soviel bis jetzt bekannt, hat zuerst Philipp Reis, ein Lehrer in Frankfurt (Main), im Jahre 1861 ein Telephon konstruiert ... Dann bemächtigten sich die Amerikaner dieses Gedankens ... In der letzten Woche des Oktober begannen hier die Versuche. (Diese werden nun in dem Bericht mit ihren Ergebnissen bis zu dem Sprechversuche Berlin — Magdeburg aufgeführt.)

Der Versuch mit Magdeburg ergab noch Töne, aber keine Laute mehr, folglich keine Verständigung. Dies beweist indes nicht, daß die Verwendung der Erfindung für weitere Entfernungen ausgeschlossen sei, da dieselbe noch in der Kindheit liegt, und man jedenfalls sehr bald potentere Instrumente wird herstellen können. Das jetzige gleicht an Form und Größe etwa einem mittelgroßen Fliegenschwamm: an dem Stiel faßt man an und spricht da, wo die rote Fläche ist; und ebendaselbst hört man auch: es ist kaum etwas Einfacheres zu denken.

Wir haben sofort die praktische Verwendung ausgeführt: seit einigen Tagen ist zwischen dem General-Telegraphenamtsdirektor und mir ein Telephon im dienstlichen Gebrauch; wir verkehren mündlich unmittelbar von der Leipziger bis zur Französischen Straße auf einer 2 km langen Drahtleitung, machen unsere Rücksprachen auf diese Weise ab und ersparen Akten, Sekretäre und Kanzleidiener.

Weiter ist es die Absicht, Telephone auf allen denjenigen Postorten aufzustellen, an welchen noch keine Telegraphenanstalten sich befinden, und von dort die aufgegebenen Depeschen an die nächste Telegraphenstation hinüberrufen zu lassen, während bisher stets ein Bote geschickt werden mußte. Wenn diese Maßregel, welche schon in den nächsten Tagen um Berlin und um Potsdam ins Werk gesetzt werden soll, gelingt: dann würden wir, da die Kosten sehr gering sind, die Zahl der Reichs-Telegraphenämter ganz erheblich vermehren können . . .

gez. Stephan."

Noch am Tage des Empfangs dieses Berichtes (10. November 1877) telegraphierte Fürst Bismarck an Stephan, daß er den Inhalt mit hohem Interesse gelesen habe und dem gemachten Vorschlage entsprechend bitte, ihm in Varzin das Telephon im Betriebe vorführen zu lassen. Dies geschah am 12. November. Der Reichskanzler nahm hierbei auch persönlich Sprechversuche vor. Über die Ergebnisse äußerte er sich sehr befriedigt. Am selben Tage wurde die erste Reichspostanstalt, in Friedrichsberg bei Berlin, mit Fernsprechbetrieb ausgestattet. „Der Herr Generalpostmeister" — schreibt Werner Siemens unterm 15. November 1877 aus Berlin an Exzellenz von Lüders in St. Petersburg — „hat hier die Sache mit gewaltigem Eifer aufgegriffen und bereits Telephonstationen eingerichtet"[12]). Stephan beorderte darauf verschiedene höhere Telegraphenbeamte aus der Provinz nach Berlin, damit sie den neuen Apparat genau kennenlernten und in ihren Dienstbezirken weitere Versuche mit ihm anstellten. Noch in der zweiten Hälfte des November verfügte Stephan die Einrichtung des Fernsprechbetriebes bei 18 weiteren kleineren Postanstalten der Oberpostdirektionsbezirke Berlin, Potsdam, Magdeburg, Halle (Saale) und Stettin[13]). Seine Absicht, gleich von vornherein eine größere Zahl solcher Fernsprechbetriebstellen ins Leben zu rufen, scheiterte daran, daß die Firma Siemens & Halske die dazu erforderlichen Apparate nicht so rasch liefern konnte.

Lebhaftesten Anteil an dem neuen Verkehrsmittel nahm auch Kaiser Wilhelm. Auf Allerhöchsten Befehl fanden am 25. Novemder vor dem Kaiser im Berliner Palais unter Stephans Leitung besondere Sprechversuche statt. Hierbei führte Stephan dem Kaiser auch das Urtelephon von Reis vor, das inzwischen durch die Oberpostdirektion in Frankfurt (Main) bei dem Mechaniker Albert ausfindig gemacht und am 22. November 1877 vom Generalpostamt angekauft worden war. In denselben Tagen ließ der Präsident des Preußischen Abgeordnetenhauses Rudolph von Bennigsen, nachdem er auf Einladung Stephans einer Vorführung des Telephons beigewohnt hatte, die ersten Sprechapparate im Abgeordnetenhause für dessen inneren Betrieb aufstellen. Am 17. November 1877 hielt auf Veranlassung Stephans ein höherer Beamter des Generalpostamts (Postinspektor Hoffmann) im Architektenverein in Berlin vor zahlreichen Zuhörern einen ausführlichen, mit praktischen Versuchen verbundenen Vortrag über das Telephon[14]). Zwei Tage später bestimmte Stephan, der bekanntlich 1874 bahnbrechend mit der Ausmerzung von Fremdwörtern aus der deutschen Amtssprache vorgegangen war, daß im Bereiche der Reichs-Post- und -Telegraphenverwaltung anstelle der bisher angewandten Bezeichnung „Telephon" das deutsche Wort „Fernsprecher" zu treten habe. Als Richtschnur für die Benutzung des Fernsprechers im Betriebe der damit ausgerüsteten Verkehrsanstalten erließ Stephan unterm 28. November 1877 eine durch das Amtsblatt der Reichs-Postverwaltung bekanntgegebene Dienstanweisung. Damit reihte die Reichspost als erste unter den Verkehrsverwaltungen der Welt den Fernsprecher als Nachrichtenmittel in den öffentlichen Betrieb mit ein.

Hatten schon die von der Reichs-Postverwaltung zur Erprobung des Fernsprechers unternommenen einleitenden Schritte, von deren Ergebnissen die deutschen Zeitungen fortgesetzt zu berichten wußten, im In- und Auslande, insbesondere aber bei den übrigen Post- und Telegraphenverwaltungen Aufsehen erregt, so steigerte sich dies weiter, als bekannt wurde, daß die Reichs-Postverwaltung über die in Amerika noch in der Luft schwebende, anderwärts aber überhaupt noch nicht erwogene Frage der Verwendbarkeit des Fernsprechers im öffentlichen Nachrichtendienste bereits nach vierwöchiger Versuchszeit zu einer derartigen grundsätzlichen Entschließung gelangt war. Die Folge hiervon bildete ein mehr als reichlicher Briefsegen, der auf das Generalpostamt in Berlin niederging, und worin es von Behörden und Privatpersonen des In- und Auslandes mit den mannigfaltigsten Fragen und Mitteilungen bedacht wurde. Die ersten ausländischen Post- und Telegraphenverwaltungen, die das Generalpostamt in Berlin um nähere Auskunft sowie um Überlassung einiger Siemensscher Fernsprechapparate ersuchten, waren die der Schweiz (12. November), Italiens (19. November) und Belgiens (20. November 1877). Das Generalpostamt entsprach solchen Wünschen ohne Verzug in entgegenkommendster Weise. Von 1878 ab konnte, da nunmehr allmählich Mittel und Wege für die Massenanfertigung des Fernsprechers gefunden wurden, mit der Einrichtung von Fernsprechbetriebstellen im Reichs-Postgebiet auf breiterer Grundlage vorgegangen werden. Ende 1878 war die Zahl dieser Verkehrsanstalten auf 287, Ende 1879 auf 788 angewachsen. Hierdurch stieg die Zahl der Reichs-Telegraphenanstalten außerordentlich rasch, so daß Stephan bei Beratung des Postetats März 1881 im Reichstage feststellen durfte, daß Deutschland (Bayern und Württemberg mit eingeschlossen) über 10000 Telegraphenanstalten insgesamt verfügte und damit an der Spitze aller Länder der Welt stand. Denn selbst in den Vereinigten Staaten von Amerika gab es damals nur 9000 Telegraphenanstalten, während England 5600 und Frankreich deren 4000 besaßen.

Zunahme der Telegraphenanstalten des Reichs-Postgebiets.

Ende	1850	1860 (Preußen)	1870	1876	1880	1890	1900	1910
	38	120	1078	2532	5659	11447	16360	30366

Die Freude, die die Bewohner all der kleinen, oft so entlegenen Ortschaften darüber empfanden, durch Zuweisung einer Telegraphenanstalt mit Fernsprechbetrieb aus der bisherigen Abgeschlossenheit vom Verkehr erlöst zu sein, war groß. Denn ohne dieses wertvolle Hilfsmittel hätten sie meist auf absehbare Zeit in den alten Verhältnissen weiter verharren müssen. Deshalb fühlten sie sich Stephan gegenüber zu aufrichtigem Danke verpflichtet und gaben dem zumeist in dem ersten Telegramm, das die neugeschaffene Telegraphenanstalt verließ, Ausdruck. Natürlich ist diese Übung inzwischen wieder eingeschlafen, wenn sie sich auch bis zu Stephans Tode (1897) — er starb bekanntlich in den Sielen — erhalten hatte. Denn da er der Vater dieser großen Verkehrsverbesserung gewesen war, galt jene oft „sinnige" Drahtung in erster Linie ihm selbst. Mit dem Wegfall dieses persönlichen Moments kam man in die Gewohnheit hinein, die bekanntlich alles abschleift: erst hatten die Planeten Götternamen, jetzt tragen sie Nummern. Um so urwüchsiger wird vielleicht die eine oder andere der nachstehenden Proben solcher Dankestelegramme auf den Leser wirken, wie sie sich in den schon halb vergilbten Akten jener Zeit noch hier und da erhalten haben.

„Der Ort, von dem einst Seumes Fuß
Den Weg begann nach Syrakus,
Sagt heute Herzensdank und Gruß
Dir, der uns schenkte den Genuß
Des Telephones, Stephanus!

Platzmann aus Hohenstädt (Sachsen)."

„Wenn in Polackiens wilden Klippen
Man hört den Telegraphen tippen,
Dann glaubt man die Erlösung nah.
Denn hier in diesen düstern Gründen,
Wo selten nur ist Licht zu finden,
Tut so was not, glaub's mir, ach ja!
Drum sei dir, Stephan, Blitzesspender,
Gebracht der schönste Dankesgruß
Von einem braven Hinterländer,
Dem Bolewitzer Pächter Fuß."

„Das erste Wort auf dem neuen Draht
Sei Dank dem, der ihm errichtet hat.

Cohn, Rittergutsbesitzer und Amtsvorsteher."

„Weil heut empor zum Felsengrab,
Wo Knieholzbüsche sprießen,
Geleitet ist der Wunderdraht,
Darin die Töne fließen,
Schickt seinen Dank als erstes Wort
Dem Generalpostmeister
Der höchste deutsche Fernsprechort:
Prinz-Heinrich-Baude heißt er."

„Was wir ersehnt und heiß und lange,
Wir sehen's jetzt an jeder Stange,
Ein Fernsprechdraht zieht hoch sich hin
Durch unser Dorf zur Stadt Templin.
O nimm, du großer Raumbezwinger,
Den innigen Dank der Hammelspringer.

Schiebeck, Pfarrer."

„Wi fungen mit een Huelfstae an und hebt von huet an Agentur. Wi segdt vael Dank di, grode Mann, bi di geiht allens na de Snur.

Antenser Bürger."

Stephan unterließ nie, Zug um Zug telegraphisch zu danken. Wie dies geschah, dafür mögen noch die folgenden zwei Beispiele sprechen:

„Exzellenz Stephan, Berlin.

Du hast ein Telephon errichtet in der Gemeinde Tulce
Und mich zu großem Dank verpflichtet
des Dorfes Schulze."

Stephans Antwort:

„Es bringe frohe Botschaft oft nach Tulcen
Das Telephon für die Gemeinde und den Schulzen."

„Generalpostmeister Stephan, Berlin.

Exzellenz haben zur Erfüllung der vom König David in Psalm 19, Vers 3 und 4 mit Bezug auf den Telegraphen ausgesprochenen Prophezeihung wesentlich beigetragen. Gelegentlich der Eröffnung unserer Station erlauben wir uns diese Bemerkung und unsern Dank für die Aufnahme unsrer Stadt in das Telegraphennetz.

Die Stadtbehörde Raschkow."

Stephans Antwort:

„Ich danke Ihnen für Ihren telegraphischen Gruß und erwidere ihn mit Psalm zweiundneunzig, Vers drei und sechs.

Dr. Stephan."

Die unter Mitbenutzung des Fernsprechers lebhaft beschleunigte Verästelung des heimischen Telegraphennetzes kam in erster Linie dem telegraphischen Nahverkehr zugute. Bis 1877 hatte dieser dauernd darunter leiden müssen, daß Telegraphenanlagen auf kurze Strecken, die mit den üblichen Telegraphierapparaten betrieben wurden, unverhältnismäßig kostspielig waren, zumal ihre Bedienung besonders dazu vorgebildetes Personal erforderte. Infolgedessen hatten die Telegraphenlinien überwiegend nur zur Überbrückung großer Entfernungen und zur Verbindung verkehrsreicher Orte dienen können. Nunmehr bot der Fernsprecher ein ebenso einfaches wie geldlich vorteilhaftes Mittel, um die bestehende Ungleichheit zu beseitigen und auch benachbarten und kleinen Orten die Vorteile des Anschlusses an das allgemeine Telegraphennetz zu gewähren. Von besonderer Bedeutung wurde dieser Fortschritt für das platte Land, wo sich der Telegraph bis dahin nur in beschränktem Umfange hatte benutzen lassen, weil vielfach die zur Auflieferung und Bestellung der Telegramme zurückzulegenden weiten Wege und der damit verknüpfte große Zeitaufwand in keinem richtigen Verhältnis zu der kurzen Zeitspanne standen, die die telegraphische Beförderung der Nachricht erforderte. So schuf sich Stephan durch die von ihm mit Hilfe des Fernsprechers erschlossene Möglichkeit, zahllose kleinere und kleinste Orte des Reiches mit einer Telegraphenanstalt auszustatten, ein hohes Verdienst um das deutsche Verkehrswesen und die Wohlfahrt des Vaterlandes. Bewunderung verdienen dabei der Scharfblick, die Initiative und der rastlose Drang nach vorwärts, die Stephan auf diesem neuen Gebiete von dem Augenblick an entwickelt hat, wo er zum ersten Male einen Bell-Fernsprecher in die Hand bekam. Schlag auf Schlag folgte ein Versuch und ein Entschluß dem andern, bis in denkbar kürzester Frist das erreicht war, was vorerst überhaupt erreicht werden konnte. Bedenken und zeitfressende Erwägungen, die so oft bei der Verwirklichung großzügiger Ideen auftauchen und eine Rolle spielen, gab es hier nicht. Deshalb bildeten auch die dem eben erst in die Praxis übernommenen Fernsprecher noch anhaftenden, nicht geringen Unvollkommenheiten für Stephan keinen

Grund, die Durchführung seines Planes so lange auszusetzen, bis es der erst ins Leben tretenden Fernsprechtechnik möglich geworden war, weitere Verbesserungen zu schaffen. März 1878 gelang dies Werner Siemens hinsichtlich der Reichweite. Die Bedeutung dieser deutschen Vervollkommnung[15]) rechtfertigt es, hier etwas auf sie einzugehen.

Der Grad der Anziehung der Eisenmembrane durch den im Fernsprechgehäuse befindlichen Magneten hängt von der Masse und Form der Membrane ab. Das endgültige Bellsche Telephon von 1877 enthielt, wie wir gesehen haben, einen Stabmagneten.

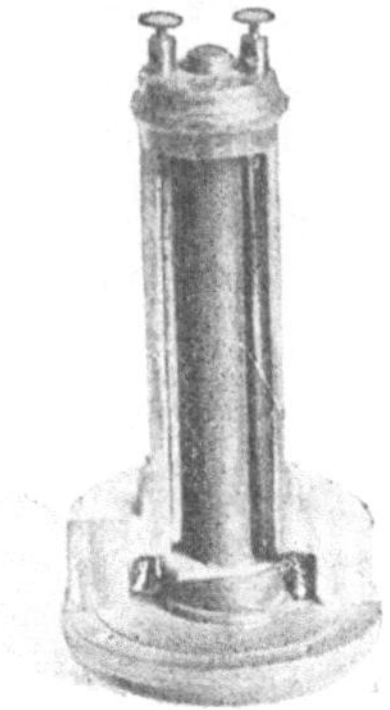

Abb. 5. Das erste von Siemens hergestellte Bell-Telephon.
(Nach dem im Reichs-Postmuseum befindlichen Urstück.)

Als Werner Siemens Ausgang Oktober 1877 erstmalig in den Besitz eines Bell-Apparates gekommen war, nahm er zunächst dessen Massenerzeugung in Deutschland auf (woran ihn nichts hinderte, da Bell versäumt hatte, sein Telephon in Deutschland durch ein Patent zu schützen. Dabei verkaufte Siemens das Stück für 5 Mark, während Bell es sich mit 25 £ bezahlen ließ). Siemens fand nun sehr bald heraus, wie er Bells Konstruktion in mehrfacher Hinsicht wesentlich vervollkommnen konnte. Bereits am 30. Oktober 1877 schreibt er seinem Bruder Karl nach London: „Ich habe auch schon Verbesserungen in Arbeit, von denen ich mir viel verspreche.“[16]) Am 21. Januar 1878 trägt er der Berliner Akademie der Wissenschaften seine Pläne hierüber vor[17]). Die wichtigste der von ihm demnächst vorgenommenen Änderungen bestand darin, daß er den Bellschen Stabmagneten durch einen Magneten in Hufeisenform ersetzte. Dies hatte zur Folge, daß sich die Anziehungskraft des Magneten verstärkte, und daß nunmehr auch stärkere Ströme in den Drahtumwindungen der beiden Polenden induziert wurden. Um die Wirkung des Ankers, der Schallplatte, noch weiter zu steigern, versah Siemens die beiden Polenden mit rechtwinkelig geformten Polschuhen dergestalt, daß ihre Polflächen aneinander möglichst nahestanden. Die Schallplatte rief nunmehr beim Schwingen so kräftige Induktionsströme in den Drahtumwindungen hervor, daß die Stimme ungleich lauter und deutlicher übertragen wurde und infolgedessen erheblich größere Entfernungen als bisher zu überwinden vermochte. War ferner zum Anrufen der anderen Fernsprechbetriebstelle bis dahin eine besondere Weckvorrichtung mit eigener elektrischer Batterie nötig gewesen, die das Apparatsystem naturgemäß erschwerte, so ersetzte Werner Siemens diesen Aushilfsapparat jetzt durch eine Zungenpfeife, in die der anrufende Beamte hineinblies. Es sei hierbei daran erinnert, daß auch der von dem Amerikaner Samuel Morse erfundene Telegraph, der bekannte Morseapparat, der in Preußen erstmalig 1849 auf den beiden ersten deutschen Telegraphenlinien Berlin—Frankfurt (Main) und Berlin—Cöln—Aachen benutzt wurde, durch die damals eben gegründete Firma Siemens & Halske in Berlin seine richtige mechanische Form erhalten hat[18]). So sehen wir, wie Werner Siemens von dem ersten Tage an, wo Stephan die Einführung des Fernsprechers in den Verkehr in Angriff nahm, fortgesetzt bemüht gewesen ist, den jungen Apparat weiter zu verbessern. Dies gelang ihm so erfolgreich, daß der Siemens-Fernsprecher in Deutschland unter den sonst inzwischen erbauten bald als der beste galt, jedenfalls als Empfänger. Die dem Apparat als Geber noch anhaftende begrenzte Verwendbarkeit wurde später mit Hilfe des „Mikrophons" beseitigt, das selbst die schwächsten Töne deutlich überträgt und dadurch den Fernsprecher auch für weite Entfernungen benutzbar macht.

Bei dem Mikrophon sind mehrere Kohlenstäbchen untereinander und mit der Sprechplatte so in Verbindung gebracht, daß sich ihr gegenseitiger Druck verändert, sobald die Sprechplatte in Schwingungen kommt. Dies hat wieder Änderungen im Leitungswiderstand und damit in der Stärke des Batteriestromes zur Folge, in den diese Kohlenstäbchen eingeschaltet sind. Der Grundgedanke des Mikrophons ist somit der gleiche wie der des Gebers des Reisschen Telephons. Tatsächlich ist auch der amerikanische Professor Hughes, der zuerst, 1878, ein Kohlenmikrophon konstruiert hat, bei seinen in der Studierstube gemachten Versuchen von dem deutschen Reis-Apparat ausgegangen. Für den

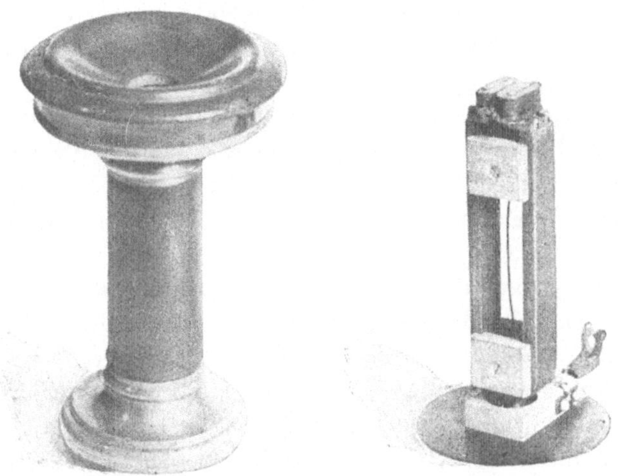

Abb. 6. Siemens-Fernsprecher mit Gußeisenmagnet mit und ohne Gehäuse. (Nach dem im Reichs-Postmuseum befindlichen Urstück.)

praktischen Gebrauch war das Mikrophon von Hughes wegen seiner technisch noch nicht durchgearbeiteten Bauart nicht geeignet. Gerade die Leistungsfähigkeit dieses Apparates hängt sehr davon ab, wie seine wirksamen Teile angeordnet und ausgeführt sind. Bei der Reichspost wurde das Mikrophon als Ersatz für den Siemensschen Geber 1881, wenn auch zunächst in beschränktem Umfange, in den Betrieb eingeführt, nachdem längere Versuche mit inzwischen immer wieder verbesserten Apparaten vorangegangen waren. Ein allen Anforderungen entsprechendes Mikrophon, das dann auch unbeschränkte Verwendung fand, besitzt die Reichs-Postverwaltung seit 1887.

4. Einrichtung von Stadtfernsprechanlagen in Amerika, England und Frankreich durch Privatunternehmer.

Nachdem der Fernsprecher in Deutschland dem öffentlichen Verkehr dienstbar gemacht worden war, vergingen noch über zwei Monate, bis der gleiche Schritt in Amerika selbst erfolgte. Dies geschah durch die Eröffnung der ersten Fernsprech-Vermittlungsanstalt (telephone exchange) in New Haven, Conn., am 25. Januar 1878. Der Betriebsunternehmer war hierbei nicht der Staat, sondern eine Privatgesellschaft[19]). Ein anderer bemerkenswerter Unterschied zeigte sich in der Art, wie der Fernsprecher als allgemeines Nachrichtenmittel in beiden Ländern Eingang fand: in Amerika begann man sogleich mit der Errichtung einer Stadtfernsprechanstalt. Diese Verschiedenheit der Verwendungsweise war nicht zufällig. Wir haben gesehen, welche grundsätzliche Bedeutung der Stephanschen Maßnahme innewohnte, den Fernsprecher zunächst zur Vermehrung der Zahl der Reichs-Telegraphenanstalten, namentlich auf dem platten Lande, zu verwerten. Gleichwohl lag, an sich betrachtet, bei der allgemeinen Nutzbarmachung des Fernsprechers der Schwerpunkt in seiner Verwendung für den eigentlichen Fernsprechverkehr. Die Voraussetzungen für eine Entwicklung in dieser Richtung waren nun Ende der siebziger Jahre in Amerika andere als in Deutschland und den übrigen europäischen Hauptverkehrsländern. Während hier die größeren Orte in weitem Umfang Einrichtungen postalischer und telegraphischer Art besaßen, die den Einwohnern einen ihren bisherigen Bedürfnissen entsprechenden Schnellnachrichtenverkehr gewährten, war dies in den Vereinigten Staaten von Amerika noch keineswegs in gleichem Maße der Fall. Dem schon damals sehr geschäftsrührigen Yankee mußte deshalb außerordentlich daran liegen, diese Lücken in den Verkehrsmöglichkeiten seines Landes mit Hilfe des Fernsprechers zu überbrücken und auszugleichen. So kam es, daß nach Überwindung der größten technischen Unvollkommenheiten im praktischen Betriebe, die das Publikum anfangs etwas abgeschreckt hatten, Ortsfernsprechanlagen in Amerika bald wie Pilze aus dem Boden emporwuchsen, und daß schon 1880 fast alle größeren Städte in den Vereinigten Staaten mit lebhaftem Verkehr solche Einrichtungen besaßen. Dabei entsprach es jedoch den einseitig geldlichen Interessen der Betriebsunternehmer, daß sie ihre Anlagen überwiegend auf die Städte beschränkten. Die Nutzbarmachung des Fernsprechers in den — im Vergleich mit Europa viel weniger dicht bevölkerten — ländlichen Bezirken trat dadurch in Amerika auf Jahre hinaus zurück. Den über das Land zerstreuten zahlreichen Farmern blieb meist nur übrig, sich die Fernsprechanlagen, die sie zur Verbindung benachbarter Farmen untereinander wünschten, selbst herzustellen. Erst wenn eine solche „Farmerlinie" einen größeren Umfang erlangt hatte, nahm eine Gesellschaft ihren Betrieb in die Hand. Noch im Jahre 1902 entfielen auf die Farmfernsprechanlagen einschließlich der Gesellschaften, die Fernsprechlinien lediglich zugunsten der Teilnehmer betrieben, nur 6,1 v. H.[20]) der in den Vereinigten Staaten von Amerika damals überhaupt für den allgemeinen Gebrauch vorhanden gewesenen Sprechstellen. Hier kam daher, im Gegensatze zu Deutschland, der Fernsprecher nach seiner Einführung in den Verkehr dem platten Lande zunächst am wenigsten zugute, zumal das von der deutschen Reichspost gegebene Beispiel, den Fernsprecher zur Verdichtung des Telegraphennetzes zu benutzen, in Amerika keinen nennenswerten Eingang fand.

Man hätte meinen sollen, daß angesichts der überaus rasch fortschreitenden Einrichtung von Stadtfernsprechämtern in Nordamerika nunmehr auch bei der städtischen Bevölkerung der Verkehrsländer der Alten Welt der Wunsch rege geworden wäre, mit solchen Anlagen bedacht zu werden. Das Publikum verhielt sich jedoch still. In England und Frankreich zeigte auch die staatliche Telegraphenverwaltung vorerst teils nur geringe, teils überhaupt keine Neigung, den Fernsprecher für ihren Betrieb irgendwie zu verwerten. Noch im Jahre 1878 erklärte der englische Generalpostmeister auf eine Anfrage im Parlament, daß er eine Benutzung des Fernsprechers in der Staatstelegraphie bis auf weiteres nicht beabsichtige. Ausgangs 1879 entsandte die französische Regierung einen ihrer höheren Telegraphenbeamten nach Deutschland, um die Einrichtungen der Reichs-Fernsprechbetriebstellen zu studieren. Inzwischen blieb es in diesen Ländern den vereinzelten Behörden, technischen Betrieben und Privatpersonen, die dem Fernsprecher Interesse abgewonnen hatten, vorläufig überlassen, wie sie ihn für sich nutzbar machten. Als dann auswärtige, nämlich amerikanische Telegraphengesellschaften, ihnen voran die Bell-Telephone Co., sich im Jahre 1879 bemühten, dem System der Fernsprechämter in England und Frankreich Eingang zu verschaffen, vergingen Monate darüber, bis es den Gesellschaften gelang, eine kleine Zahl von Teilnehmern zusammenzubringen. Infolgedessen arbeiteten die von der Bell-Telephone-Co. in England zuerst geschaffenen drei Fernsprechämter in London, Manchester und Liverpool anfangs mit 50, 80 und 40 Teilnehmern, was gegenüber der Einwohnerzahl und dem Verkehr dieser großen Städte herzlich wenig besagen wollte. In Frankreich kamen die ersten, ebenfalls von einer Erwerbsgesellschaft betriebenen Stadtfernsprechanlagen im Laufe des Jahres 1880 auf.

Zu Beginn desselben Jahres hatten sich auch in Deutschland Vertreter amerikanischer Fernsprechgesellschaften eingefunden in der Absicht, in Berlin und anderen größeren deutschen Städten Stadtfernsprechanlagen ins Leben zu rufen. Die „Deutsche Verkehrszeitung“, die dies unterm 13. Februar 1880 in einem Aufsatz „Über Fernsprechanlagen in Städten“ erwähnte, wies dabei, gestützt auf Angaben von unterrichteter Stelle, besonders darauf hin, daß bemerkenswerterweise bisher weder in Berlin noch sonst in Deutschland aus den Kreisen des städtischen Publikums Wünsche wegen Herstellung von Stadtfernsprechanlagen laut geworden wären. Das deutsche Publikum schiene danach ein wirkliches Bedürfnis nach solchen Einrichtungen noch nicht zu empfinden. Allerdings sei ja auch in England und Frankreich die Anregung zum Bau von Stadtfernsprechämtern nicht aus der heimischen Bevölkerung hervorgegangen, sondern von amerikanischen Unternehmern in das Publikum hineingetragen worden. Die Frage, wie sich die Staatsverwaltung zu den Plänen dieser Privatunternehmer zu verhalten habe, wurde in dem Aufsatze dahin beantwortet, daß es in erster Linie Aufgabe der Telegraphenverwaltung sei, solche Anlagen selbst herzustellen. Dies werde auch gewiß geschehen, sobald ein Bedürfnis nach Stadtfernsprecheinrichtungen sich geltend mache. In jedem Falle dürften aber Anlagen dieser Art durch Privatgesellschaften nur mit Genehmigung der obersten Telegraphenbehörde errichtet und betrieben werden. Der von der englischen Telegraphenverwaltung damals geteilten Ansicht, daß ein von Privatgesellschaften unterhaltener Fernsprechbetrieb den Bestimmungen der Telegraphengesetzgebung nicht unterliege, müsse man deutscherseits entschieden entgegentreten. Denn auch beim Fernsprechverkehr diene die Elektrizität zur Beförderung von Nachrichten; hierin aber liege das wesentlichste Merkmal aller elektrischen Telegraphie.

Daß sich diese von der „Deutschen Verkehrszeitung" damals entwickelten Anschauungen über die Regalitätsfrage mit denen des Reichs-Postamts deckten, werden wir noch an anderer Stelle bestätigt finden. Praktisch wurde jener erste, von privater Seite eingeleitete Schritt für die Reichs-Postverwaltung nicht, weil sich an der bisherigen Haltung des deutschen Publikums nichts änderte und die Unternehmung schon deshalb wieder im Sande verlief. Das Erscheinen der amerikanischen Geschäftsleute hatte das Reichs-Postamt selbst nicht weiter überraschen können, da hier die allmähliche Entwicklung des Stadtfernsprechwesens in den Vereinigten Staaten von Amerika — und demnächst auch in England und Frankreich — dauernd verfolgt worden war. Dementsprechend brachte auch das im Reichs-Postamt herausgegebene „Archiv für Post und Telegraphie" schon von 1878 ab kleine und größere Aufsätze auf diesem Gebiete. Ebenso ließ die auf Stephans Veranlassung von einem höheren Beamten des Reichs-Postamts verfaßte, 1880 bei Julius Springer in Berlin im Druck erschienene „Geschichte und Entwicklung des elektrischen Fernsprechwesens" diesen Teil des Werdegangs des Fernsprechers nicht unerörtert. Auch in technischer Hinsicht gewährten die amtlichen deutschen Veröffentlichungen einen Einblick in die Gestaltung des jungen amerikanischen Fernsprechwesens. Die Fernsprechlinien waren dort durchweg oberirdisch geführt, wobei die vielfach flache

Bauart der Dächer für die Aufstellung der Gestänge besondere Vorteile bot. Von der Fernsprechzentrale aus verliefen die einzelnen Leitungen strahlenförmig nach den Häusern der Teilnehmer. Entweder verfügte der Teilnehmer über die Verbindungsleitung mit der Zentrale allein, oder es lagen deren mehrere in ein und derselben Leitung. In jeden Draht war innerhalb des Amtes ein kleiner Elektromagnet eingeschaltet, dessen Anker mit einem Blechplättchen in Verbindung stand. Dieses Plättchen (Fallklappe) verdeckte im Ruhezustande die Nummer des Teilnehmers. Rief dieser nun die Zentrale an, so wurde die Fallklappe hierdurch von dem Magneten zurückgezogen und ließ die Nummer des Teilnehmers sichtbar werden. Die Zentrale benachrichtigte dann ihrerseits den verlangten Teilnehmer durch Glockensignal und verband beide Leitungen mit Hilfe eines im Amt aufgestellten großen Umschalters. Den Vermittlungsdienst besorgten Knaben und Mädchen unter der Leitung eines Aufsehers. In den ersten Betriebsjahren ließ die Verständigung noch manches zu wünschen übrig, insbesondere während der Hauptgeschäftsstunden. Von 5 oder 6 Uhr nachmittags ab ruhte der Dienst; auch beschränkte er sich auf die Werktage. Die Jahresabonnementsgebühr betrug 75 bis 80 Dollar[21]).

5. Vergebliche Bemühungen in- und ausländischer Unternehmer, darunter auch Emil Rathenaus, eine Konzession zur Einrichtung von Stadtfernsprechanlagen in Deutschland zu erlangen.

Der Mißerfolg, den jene amerikanischen Unternehmer noch anfangs 1880 mit ihrem Plane, in Deutschland, vor allem in Berlin, Stadtfernsprechanlagen zu errichten, allein infolge der Teilnahmslosigkeit der städtischen Bevölkerung erlitten hatten, liefert die Erklärung dafür, weshalb nicht schon Stephan selbst diesen Weg mit Erfolg gegangen war. Den Fernsprecher zur Einrichtung von Fernsprechbetriebstellen zu benutzen, war eine Verwaltungsmaßnahme gewesen, die die Postverwaltung selbständig getroffen hatte und treffen konnte. Die Herstellung von Stadtfernsprechanlagen blieb dagegen an die Voraussetzung geknüpft, daß sich ein Kreis von Personen zusammenfand, die bereit waren, aus dem Unternehmen gegen Entgelt Nutzen zu ziehen. Im Gegensatze zu dem lebhaften Interesse, das Publikum und Presse der Einführung des Fernsprechers in den öffentlichen Nachrichtendienst des Reichs entgegengebracht hatten, fielen aber wiederholte Versuche der Reichs-Postverwaltung, bei ihnen für eine Teilnahme an städtischen Fernsprecheinrichtungen Stimmung zu machen, auf unfruchtbaren Boden[22]): man versprach sich davon zu wenig Vorteile; vielfach sah man darin kaum mehr als eine Spielerei. So blieb der Fernsprecher in Deutschland von 1877 ab noch für mehrere Jahre seiner Hauptaufgabe entzogen, bis Stephan, der Gleichgültigkeit der Berliner Bevölkerung müde geworden, 1880 öffentlich bekanntgab, daß er den Bau einer Stadtfernsprechanlage in der Reichshauptstadt beschlossen habe. Kein Geringerer als der spätere Generaldirektor E. Rathenau hat die Schwierigkeiten, die sich nunmehr der Gewinnung der ersten Berliner Teilnehmer entgegenstellten, damals besser zu beurteilen gewußt. „Ich verhehle mir nicht", schrieb mit Bezug hierauf der damalige Ingenieur E. Rathenau unterm 19. August 1880 dem zuständigen Referenten im Reichs-Postamt, Geheimen Oberpostrat Krüger (s. S. 49), „daß die Einwohner unserer Stadt neuen Einrichtungen gegenüber stets ungewöhnliche Kälte bewahrt haben, und daß auch das neue Unternehmen in den nächsten Jahren Schwierigkeiten nach dieser Richtung zu begegnen haben wird." (In letzter Hinsicht wurden die Besorgnisse Rathenaus später nicht durch die Tatsachen bestätigt.)

Schon hieraus geht hervor, daß Stephan, als er 1880 die Errichtung einer Stadtfernsprechanlage in Berlin anordnete, sich damit nicht erst jetzt dem Gedanken zuwandte, den Fernsprecher auch noch in dieser Weise auszunutzen. Tatsächlich hatte er diesen Plan noch zu einer früheren Zeit gefaßt, als nach den bisherigen Veröffentlichungen über die Entwicklung des deutschen Fernsprechwesens angenommen worden ist. Den am weitesten zurückliegenden Beleg hierfür finden wir in einem

Briefe Werner Siemens' an seinen Bruder Karl in London vom 30. Oktober 1877, worin jener über die an demselben Tage von Stephan vorgenommenen ersten Sprechversuche Berlin—Schöneberg—Potsdam und —Brandenburg (Havel) berichtet. „Stephan ist ganz wild und seine Beamten auch", schreibt Werner Siemens. „Er hat vor, jedem Berliner Bürger womöglich ein Telephon zu jedem anderen zur Disposition zu stellen"[23]). Unterm 2. Januar 1878 ersuchte dann auch das Generalpostamt — was sich bis jetzt in der Fachliteratur nirgends erwähnt findet — das Polizeipräsidium sowie den Magistrat in Berlin um Stellungnahme zu dem Plane der Postverwaltung, „an den Häusern Drahtleitungen zu befestigen, die eintretendenfalls auch die Straßen kreuzten und die, mit Fernsprechern betrieben, Kontore, Geschäftsräume usw. an ein Verkehrsamt der Postverwaltung anschließen sollten." Während der Berliner Magistrat sich mit einer „versuchsweise herzustellenden" Anlage dieser Art einverstanden erklärte, machte der Polizeipräsident von Madai Bedenken geltend. Er hielt die Durchführung für „kaum statthaft", falls etwa jeder Teilnehmer mit der Zentrale durch eine besondere Leitung verbunden würde, weil dann die große Zahl der in Betracht kommenden Drähte u. U. die allgemeinen Verkehrs- und sonstigen öffentlichen Interessen beeinträchtigen könnte. Stephan ging auf eine theoretische Behandlung dieses Einwandes nicht ein, stellte sie vielmehr für so lange zurück, bis die Postverwaltung einen bestimmten Plan über die bauliche Anlage des Netzes entworfen hatte. Als nachher, 1880, dem Polizeipräsidium der Plan der Bauausführung durch einen Referenten des Reichs-Postamts von praktischen Gesichtspunkten aus näher dargelegt wurde, ließ es seine früheren Bedenken nicht nur fallen, sondern wies, einer Bitte Stephans gern entsprechend, sogar die Reviervorstände an, wegen der Gemeinnützigkeit des Unternehmens den Telegraphenbaubeamten besonders zur Hand zu gehen, damit es diesen nicht zu schwer fiele, von den Hausbesitzern die Genehmigung zur Befestigung der Drahtleitungen auf und an den Häusern zu erlangen.

Den Entschluß, den Fernsprecher auch für den Verkehr des

Publikums innerhalb der Stadt zu benutzen, hat Stephan daher bereits nach Vornahme der allerersten Sprechversuche, ausgangs Oktober 1877, noch bevor überhaupt die erste Reichs-Telegraphenanstalt mit Fernsprechbetrieb eröffnet worden war, gefaßt, und selbst in Amerika vergingen dann noch mehr als 3 Monate, bis dort die erste kleine Stadtfernsprechanlage ins Leben trat. Die neuerdings auch in Fachkreisen vielfach verbreitete Ansicht, Stephan habe zunächst lediglich die Verwertung des Fernsprechers für den Telegraphenbetrieb im Auge gehabt und sich erst erheblich später, u. U. auf eine Anregung von dritter Seite hin, der Benutzung des Fernsprechers für den Stadtverkehr zugewandt, ist danach haltlos. So wichtig ihm auch jene erste Verwendungsart erschien und so sehr er ihre Ausbreitung betrieb, war doch von Anfang an sein Augenmerk auch auf die Einführung der zweiten Verwendungsart gerichtet. Sehr erwünscht wäre es ihm nun freilich gewesen — wie er dies auch in einem Schreiben an den belgischen Generalpostdirektor unterm 20. Dezember 1877 ausspricht —, bestimmte Erfahrungen darüber zu sammeln, bis auf welche äußersten Entfernungen sich mit dem Fernsprecher eine gute Verständigung erreichen ließ. Ungeachtet fortgesetzter Versuche wollte es jedoch vorerst nicht gelingen, Entfernungen von mehr als 75 km erfolgreich zu überbrücken. Regelmäßig traten dann, namentlich in längeren unterirdischen Leitungen, starke, durch Ströme aus benachbarten Leitungen hervorgerufene Induktionserscheinungen auf. Anderseits lag der Gedanke nahe, daß man nach Herstellung von Stadtfernsprechanlagen bald vor der weiteren Aufgabe stehen würde, diese miteinander zu verbinden, um damit den Teilnehmern der Stadtfernsprechnetze die Möglichkeit zu einem mündlichen Verkehr untereinander zu schaffen. Um dem Ziel einer telephonischen Verständigung auf größere Entfernungen tunlichst bald näher zu kommen, wobei Stephan an eine Reichweite von etwa 100 Meilen dachte, gab er Juli 1878 die Anregung, von Reichs wegen auf die erfolgreiche Lösung dieser Aufgabe eine angemessene Belohnung auszusetzen. Die Mittel dazu wurden in den nächsten Haushalt der Reichs-Postverwaltung aufgenommen. Auch ließ Stephan in den Zeitungen näheres darüber verlauten. Es behielt aber dabei sein Bewenden, weil die Technik der entgegenstehenden Schwierigkeiten vorläufig noch nicht Herr werden konnte. Erst von Mitte der achtziger Jahre ab gelang es in Deutschland, Fernsprechverbindungen auf mehrere 100 km Entfernungen herzustellen.

Unter diesen Umständen kam für die Reichs-Postverwaltung ausgangs der siebziger Jahre zunächst nur der Bau von Stadtfernsprechanlagen an sich in Betracht. Wenn sich das deutsche Publikum in seiner Allgemeinheit dem gegenüber längere Zeit hindurch ablehnend verhielt, so gab es doch einzelne unternehmungslustige Köpfe, die diesen Standpunkt nicht teilten. Unter ihnen traten 1880 der Geheime Kommerzienrat, Generalkonsul Gerson von Bleichröder und der damalige Ingenieur Emil Rathenau mit eigenen Plänen hervor. Herr v. Bleichröder fragte damals, April 1880, bei Stephan brieflich an, ob die Reichs-Postverwaltung bereit wäre, das Telephonsystem der International Bell-Telephone Co. zu erwerben. Verneinendenfalls bat er um Auskunft, ob der Nutzbarmachung dieses Systems in Deutschland durch eine zu gründende Privatgesellschaft etwas im Wege stünde. Die erste Frage verneinte Stephan, die zweite bejahte er mit Entschiedenheit: es sei verfassungswidrig, Privatanlagen dieser Art innerhalb des Reiches herzustellen. Sobald im Publikum ein Bedürfnis nach Stadtfernsprechanlagen hervortreten sollte, müsse die Reichs-Postverwaltung es sich vorbehalten, deren Ausführung und Betrieb ihrerseits in die Hand zu nehmen.

E. Rathenau erstrebte mit seinem Vorschlage, den er Anfang März 1880 machte und dem Polizeipräsidium und dem Magistrat in Berlin gleichzeitig zur Prüfung und Genehmigung vorlegte, die Erteilung einer Konzession an seine Person für eine zunächst probeweise in einem Stadtteil oder auch nur für einige Häusergruppen Berlins einzurichtende Fernsprechanlage, durch die er das Bedürfnis für ihre demnächstige Ausdehnung auf ganz Berlin erbringen wollte. Seinen in der Fachliteratur bisher nicht bekannt gewordenen Antrag begründete Rathenau mit einer kurzen Darstellung der bisherigen Entwicklung des Fernsprechers und seiner Verwendung für Stadtfernsprechzwecke, wie sie in Amerika bereits erfolgt und in Frankreich für Paris gerade geplant war. Rathenau unterließ dabei nicht, hervorzuheben, daß „die Reichs-Post- und -Telegraphie frühzeitig die Bedeutung des Telephons erkannt und daß sie bereits im Jahre 1877 die erste Fernsprechbetriebstelle im Deutschen Reich eingerichtet hätte, während gegenwärtig schon mehr als hundert davon im Reiche betrieben würden." (In Wirklichkeit waren, als Rathenau dies schrieb, allein im Reichs-Postgebiet gegen 800 solcher Fernsprechbetriebstellen in Tätigkeit.) Der kleine historische Abriß Rathenaus bietet sonst inhaltlich nichts Neues gegenüber dem, was damals in fachwissenschaftlichen Zeitschriften über den Gegenstand schon wiederholt und ausführlicher veröffentlicht worden war. Bemerkenswert ist nur noch folgendes. Während Rathenau die Reissche Erfindung mit der Bemerkung abtut, daß es „ein ziemlich unbrauchbarer Apparat" gewesen sei, spricht er um so begeisterter von Bells Telephon, wie es auf der Ausstellung in Philadelphia „der erstaunten Welt" sich zeigte und damit „das bestätigte, was die Gelehrten aller Länder in das Reich der Fabel und Märchen zu verweisen geneigt gewesen wären: ein winziges Metallplättchen wurde durch die Kraft der menschlichen Stimme redend..." Diese Ausführungen sind nicht ganz stichhaltig. Wir wissen, daß auch das Bell-Telephon von 1876 noch wie das von Reis mit einer tierischen Membrane ausgestattet, und daß jenes für den praktischen Gebrauch vorerst noch ebenso wenig brauchbar gewesen war wie das des älteren deutschen Erfinders. Dem wissenschaftlichen Werte nach war aber das Telephon von Reis von höchster Bedeutung.

In seinem eigentlichen Konzessionsgesuche führt Rathenau aus, daß die von ihm vorgeschlagene Berliner Versuchsanlage von Unternehmern gebaut werden würde, deren bisherige Leistungen die Herstellung einer einwandfreien Fernsprecheinrichtung verbürgten. Hieraus geht hervor, daß Rathenau selbst die Anlage auszuführen nicht beabsichtigte. Das sollte durch andere, darin erfahrene Personen geschehen. Hierunter konnten aber wohl nur ausländische Unternehmer verstanden sein, da es auf diesem Gebiet erprobte deutsche Privatunternehmer damals noch nicht gab. Verstärkt wird diese Vermutung dadurch, daß Professor A. Riedler in seinem 1916 erschienenen Werke „Emil Rathenau und das Werden der Großwirtschaft" (Berlin, Verlag von Julius Springer) bemerkt, Rathenau habe Ende der siebziger Jahre „alle damaligen Telephonarten studiert und sich dem von Gower zugewandt, einer seither verschwundenen Form mit Dose und langem Rüssel". Der Gowersche Apparat stammte aus Amerika, er war ein verbesserter Bell-Fernsprecher und zweipolig konstruiert. Wegen seiner äußeren Form wurde er auch Uhr- oder Chronometertelephon genannt. Gower hatte ihn Anfang 1879 der Pariser Akademie im Versuche vorgeführt[24]). Dieses Telephon, das besonders kräftig wirkende Magnete aus französischem Stahl besaß, zeichnete sich gegenüber den sonst im Auslande verwandten Fernsprechapparaten durch die Stärke der Lautübertragung aus, so daß sich die 1879 in Paris gegründete Compagnie des Téléphones entschloß, das Gower-Patent zu erwerben und ihren künftigen Fernsprechbetrieb mit Gower-Telephonen auszustatten. Auch die britische Postverwaltung hat das Gower-Telephon späterhin einige Zeit hindurch für Fernsprechzwecke benutzt. Für die deutsche Postverwaltung lag kein Anlaß vor, sich mit dem Gowerschen Apparat, der 1879 im Deutschen Reiche den Herren Fr. A. Gower und C. Roosevelt in Paris patentiert worden war (D.R.P. 5871), näher zu beschäftigen, da der verbesserte Siemenssche Fernsprecher ihm mindestens gleichwertig war. Wenn E. Rathenau unter diesen Umständen gleichwohl für sein Vorhaben nicht den deutschen Siemens-Apparat, sondern den von Gower in Aussicht nahm, dürften ihn andere, nichttechnische Gründe hierzu bestimmt haben.

Auch das Rathenausche Konzessionsgesuch hatte keinen Erfolg. Das Generalpostamt sah darin einen Eingriff in das dem Reiche vorbehaltene allgemeine Telegraphenregal und erklärte dem Polizeipräsidium, das die Reichs-Postverwaltung um Stellungnahme zu dem Rathenauschen Antrag ersucht hatte, daß die Genehmigung deshalb grundsätzlich abgelehnt werden müßte. Bei dieser Gelegenheit betonte das Generalpostamt wiederum, daß es sich angelegen sein lassen werde, die Ausführung und den

Betrieb von Stadtfernsprechanlagen auf Reichskosten selbst zu bewirken, daß aber im Publikum ein Bedürfnis nach solchen Anlagen bisher in keiner Weise hervorgetreten sei. In dem Bescheide, den Rathenau in demselben Sinne unterm 8. April 1880 vom Polizeipräsidenten v. Madai erhielt, wurde ihm noch besonders mitgeteilt, daß das Generalpostamt bereits 1878 die Einrichtung einer ähnlichen Betriebsanlage, wie sie dem Konzessionsgesuche zugrunde lag, beabsichtigt hätte und deshalb seinerzeit mit dem Polizeipräsidium in Verbindung getreten wäre.

Dem Rathenauschen Antrage folgten bald noch einige gleichartige Gesuche in- und ausländischer Unternehmer, so September 1880 seitens der International Telephone Company, die inzwischen in Berlin eine Vertretung für Deutschland errichtet hatte und die die Erteilung einer Konzession zur Einrichtung von Stadtfernsprechanstalten in Deutschland anstrebte. Auch französische und englische Privatspekulanten traten auf. Teilweise geschah dies in Verbindung mit zu diesem Zwecke gegründeten Aktiengesellschaften. Alle Anträge wurden vom Generalpostamt glatt abgelehnt. Für die künftige Gestaltung des Fernsprechwesens in Deutschland wie auch für die Finanzen des Reiches ist diese Haltung der obersten Reichs-Postbehörde in der Regalitätsfrage von außerordentlicher Tragweite geworden.

6. Stephan macht auch das Fernsprechwesen zum Staatsmonopol.

Stephans Stellungnahme gegenüber den Konzessionsgesuchen privater Unternehmer zur Errichtung und zum Betriebe von Fernsprechanlagen war durchweg von der verschieden, die die Telegraphenverwaltungen der übrigen Länder Europas damals beobachteten. Sie ließen nämlich sämtlich die Privatfernsprechgesellschaften zunächst bei sich aufkommen und führten erst später, u. U. erst nach einer Reihe von Jahren, eine Entscheidung der grundsätzlichen Frage herbei, in welchem Umfange der Bau und Betrieb von Fernsprechanlagen als ein Regal des Staates zu gelten habe. Diese verzögerte Entschließung hing zum Teil damit zusammen, daß die fremden Telegraphenverwaltungen die Bedeutung des Fernsprechers für den allgemeinen Nachrichtenverkehr nicht sogleich hinreichend erkannt hatten. Sie wollten zunächst weitere Erfahrungen abwarten, bevor sie die Staatskasse mit Ausgaben für die Einführung einer solchen Neuerung belasteten. In der Mehrzahl dieser Länder zeigte sich nun bald, daß die Privatgesellschaften die Errichtung von Fernsprechanlagen nur da betrieben, wo sich für sie hieraus geldliche Vorteile ergaben, d. h. sie begünstigten die großen Städte und ließen die übrigen Orte, deren Verkehr ihnen nicht angemessene Einnahmen versprach, unberücksichtigt. Auch das Vorhandensein verschiedener Privatgesellschaften innerhalb eines Landes, die infolgedessen untereinander in Wettbewerb traten, änderte hieran wenig. Zudem verringerte sich in solchen Fällen ihre Zahl sehr bald: die geldlich schwächeren gingen kurz über lang in den größeren freiwillig oder unfreiwillig auf. Demnächst verschmolzen sich auch diese miteinander, so daß schließlich eine Gesellschaft das Feld allein behauptete — zum großen Nachteile für die Gesamtheit des Publikums, dem damit teilweise die Benutzung von Fernsprechanlagen überhaupt verschlossen blieb und das sich im übrigen der Monopolwirtschaft der Privatgesellschaft auch hinsichtlich der wichtigen Gebührenfrage bedingungslos unterwerfen mußte.

Diesen Weg nahm der Werdegang des Fernsprechwesens auch in dem freien England. Schon einmal, mehrere Jahrzehnte zuvor, hatte man dort die übelsten Erfahrungen mit der Überlassung des Telegraphenwesens an Privatgesellschaften gemacht und war deshalb schließlich 1868/69 genötigt gewesen, die seit 1846 [25]) im Lande entstandenen privaten Telegraphenanlagen zu verstaatlichen, wofür naturgemäß den Telegraphengesellschaften eine bedeutende Abfindungssumme gewährt werden mußte. Nunmehr wiederholte sich derselbe Vorgang beim Fernsprechwesen. Hier hatte sich allmählich eine Privatfernsprechgesellschaft, die National Telephone Co., durch Kauf und Fusion in den Besitz aller privaten Fernsprechanlagen im Lande gebracht. Die Unzufriedenheit der Bevölkerung mit dieser auf die Erzielung hoher Gewinne eingestellten Privatgesellschaft wuchs von Jahr zu Jahr. Schließlich ließ sich eine Verstaatlichung ihrer Fernsprechnetze nicht mehr vermeiden. Ein gleicher Schritt blieb auch anderen Ländern nicht erspart. Je nachdem inzwischen seit der Zulassung privater Fernsprechgesellschaften ein mehr oder weniger großer Zeitraum verstrichen war, wurden die mit dem Ankauf ihrer Anlagen für den Staat verknüpften Opfer dementsprechend schwer. Die höchste Abfindungssumme zahlte dabei England mit 12 $^1/_2$ Millionen £ oder $^1/_4$ Milliarde Mark. Als dieser Kauf nach langwierigen Verhandlungen im Jahre 1911 abgeschlossen wurde, besaß England 652 000 Sprechstellen. Davon gehörten rund 526 000 der National Telephone Co. (Den Rest bildeten in der Hauptsache Sprechstellen in staatlichen Netzen, mit deren Bau die Post- und Telegraphenverwaltung allmählich selbst vorgegangen war). Deutschland besaß demgegenüber damals schon 1 155 000 Sprechstellen, also nahezu die doppelte Zahl. Schon hieran läßt sich ungefähr ermessen, in welchem Grade das englische Fernsprechwesen unter der Wirkung einer ganz überwiegend privaten Verwaltung im Vergleich mit dem staatlich betriebenen deutschen Fernsprechwesen zurückgeblieben war, und was anderseits aus dem deutschen Fernsprechwesen in der Hand eines freien Unternehmertums, also auch losgelöst von den staatlichen Post- und Telegrapheneinrichtungen, geworden wäre. Welcher ungeheuren Aufwendungen hätte es außerdem in diesem Falle bedurft, um einen, mangels weiter Voraussicht vielleicht auf Jahrzehnte zugelassenen privatwirtschaftlichen Betrieb des Fernsprechwesens nachträglich durch den Staatsbetrieb zu ersetzen und die Anlagen dann so auszubauen, daß sie, wie auch die für ihre Benutzung erhobenen Gebühren, in Stadt und Land den Anforderungen des Verkehrs entsprachen! Einen näheren Anhalt für die Höhe der damit für Deutschland verknüpft gewesenen Opfer gewährt der Betrag des Anlagekapitals, das seit Einführung des Fernsprechwesens zur Herstellung und Erweiterung der Fernsprechanlagen aufgewandt worden ist. Dies hatte allein für das Reichs-Postgebiet, Bayern und Württemberg also nicht mit einbegriffen, 767 Millionen

Mark[26]) bis Ende März 1911 betragen. Inzwischen ist es auf mehr als 800 Millionen Mark gestiegen. Zu den schweren Nachteilen, die die Überlassung des Fernsprechwesens an Erwerbsgesellschaften für den Reichsfiskus, die Steuerzahler und das Publikum überhaupt im Gefolge gehabt hätte, wäre aber nicht zuletzt noch der hinzugekommen, daß der Betrieb der Fernsprechanlagen durch Privatpersonen, womöglich Ausländer, schon in Zeiten politischer Erregung eine Gefahr für das Gemeinwohl und die Interessen des Vaterlandes bedeutet hätte. Um wieviel größer diese Gefahr erst bei Ausbruch eines Krieges für Deutschland geworden wäre, und welcher außerordentlichen Maßnahmen es bedurft hätte, um wenigstens den nachteiligsten Folgen daraus zu begegnen, das können wir Deutsche aus den Erfahrungen heraus, die der Weltkrieg bisher gelehrt hat, uns ohne weiteres sagen. Um so mehr haben wir Anlaß, dem Manne dankbar zu sein, der uns alle diese schweren Lasten erspart hat, indem er von Anfang an unverrückbar und im vollen Gegensatze zu den Trägern der übrigen europäischen Verkehrsverwaltungen einen Weg ging, der allein der richtige war. Im Auslande hat man die Bedeutung dieses staatsmännischen Aktes Stephans bald zu würdigen verstanden. Es war ein angesehener Engländer (Dr. Maier aus London), der sich auf dem Elektrotechnikerkongreß zu Frankfurt (Main) 1891 also äußerte: „Mein Vorschlag ist, daß der Kongreß folgende Erklärung abgebe: ‚Es liegt im Interesse des Gemeinwohls, daß die Telephonnetze in derselben Weise wie die Telegraphennetze von den betreffenden Regierungen als Monopol betrieben werden.‘ Für Sie in Deutschland ist dieser Vorschlag zwecklos. Mit Stolz können Sie darauf hinweisen, daß an der Spitze Ihres Verkehrswesens ein Mann steht, der die Bedeutung des Telephons als eines neuen und wichtigen Verkehrsmittels sofort erkannt hat, und lange bevor ein solcher Gedanke von den Autoritäten irgend eines anderen Staates nur gefaßt wurde, das wunderbare neue Instrument als eine dem Telegraphen ebenbürtige Erfindung sofort für den Staat in Beschlag nahm und dessen allgemeine Einführung aufs energischste betrieb.“

Noch in demselben Jahre, wo dieser sachkundige Vertreter unserer lieben Vettern sich in solchen Lobsprüchen auf Stephan und dessen praktische Stellungnahme zur Frage des Fernsprechregals erging, setzte in Deutschland selbst ein erregter Streit der Meinungen darüber ein, ob man diesen Standpunkt des deutschen Generalpostmeisters ferner gutheißen könne, oder ob nicht vielmehr gegen einen weiteren Betrieb des Telegraphen- und Fernsprechwesens als Staatsmonopol entschieden Front gemacht werden müsse. Diese Kampfstimmung ging, gestützt durch theoretische Abhandlungen einiger Staatsrechtlehrer über das Telegraphenregal des Reichs, vorwiegend von gewissen Kreisen der Großindustrie und des Kapitals sowie von einer Reihe von Kommunen aus, die neuerdings in der Ausübung des Regals eine Benachteiligung des privaten Unternehmergeistes erblickten. Solange die Telegraphie im engeren Sinne in Deutschland noch als Schnellnachrichtenmittel für sich allein bestanden hatte, war für jene Kreise die Frage, ob das Reich das Telegraphenregal zu Recht beanspruchte, nicht weiter von Interesse gewesen. Die Ausübung dieses Verkehrsmittels erforderte zudem gut vorgebildetes und eingearbeitetes Personal und war auch sonst mit namhaften Ausgaben verknüpft, da allein schon ein Morseapparat 400 Mark kostete. Ein einfacher Fernsprechapparat ließ sich dagegen bereits für den achtzigsten Teil dieser Kosten beschaffen, und bedienen konnte ihn jedermann. Diese Erkenntnis führte nach der Einrichtung des staatlichen Fernsprechwesens in Deutschland namentlich in kaufmännischen Kreisen allmählich eine mehr aktive Stellungnahme zur Sache herbei. Stephan seinerseits hatte von Anfang an das von ihm erklärte Alleinrecht des Reiches auf das Telegraphen- und Fernsprechwesen aus Artikel 48 der Reichsverfassung hergeleitet, der vorschreibt, daß das Telegraphenwesen für das gesamte Gebiet des Reiches als einheitliche Staatsverkehrsanstalt eingerichtet und verwaltet werden soll. Hierbei verstand Stephan unter dem Begriff „Telegraphie" nicht nur die elektrische Telegraphie, sondern den Schnellnachrichtenverkehr in seiner Gesamtheit, also auch einschließlich des Fernsprechwesens. Tatsächlich haftete aber dem Artikel 48 der Verfassung insoweit der Charakter einer Lex imperfecta an, als es an Bestimmungen fehlte, die den Umfang des Regals genauer bezeichneten und Eingriffe in das Regal unter Strafe stellten [27]). Dies hatte mit dem Aufkommen der vorerwähnten Bewegung, deren Wellen gelegentlich bis an die ordentlichen Gerichte heranreichten, Urteilssprüche zur Folge, die, wenn auch nur von unteren Instanzen ausgehend, doch hinsichtlich des Bestandes des Monopols eine gewisse Rechtsunsicherheit erzeugten. Mit der wachsenden Ausdehnung des Fernsprechverkehrs mußten solche Einzelurteile, die den angeblichen Rechten des Reiches nicht den notwendigen Schutz gewährten, in der Öffentlichkeit auffallen und dadurch eine schädliche Wirkung auf die Postverwaltung ausüben. Stephan hatte bis dahin absichtlich, um auch nur den Schein zu vermeiden, als ob die Reichsregierung selbst etwa an dem Reichs-Regalcharakter des Telegraphenwesens und dessen Abarten Zweifel hegte, von der Einbringung eines Gesetzentwurfes, der sie beseitigte, abgesehen. Nunmehr konnte er nicht länger zögern, das Regal und dessen Umfang gegen jede weitere Anfechtung sicherzustellen. Die wesentlichste Bestimmung des dem Reichstage von den verbündeten Regierungen 1891 vorgelegten Entwurfs eines Gesetzes über das Telegraphenwesen des Deutschen Reiches lautete (im § 1) dahin, daß das Recht, Telegraphenanlagen herzustellen und zu betreiben, ausschließlich dem Reiche zustünde, und daß unter Telegraphenanlagen die Fernsprechanlagen mit begriffen wären. Die Bekanntgabe dieses unzweideutigen Standpunktes der Reichsregierung über ihre Auffassung von dem Umfange des Telegraphenregals, die lediglich dem vorhandenen tatsächlichen Zustand entsprach, hatte gleichwohl zur Folge, daß in einzelnen Erwerbszweigen der Bevölkerung eine wachsende Unruhe Platz griff. Und obwohl die Reichsregierung weit davon entfernt war, durch ihre Maßnahme der deutschen Industrie Schwierigkeiten oder Nachteile zu bereiten, fühlten sich namentlich Kreise, die der in der Entwicklung begriffenen Starkstromindustrie nahestanden, durch die Gesetzesvorlage empfindlich getroffen. Nach ihrer Ansicht bedeutete die Vorlage eine Gefahr für den weiteren Ausbau des jungen Starkstromwesens. Um das, was dabei angeblich auf dem Spiele stand, den Beteiligten möglichst klarzumachen, traten in einer Reihe von Orten Wanderredner auf, die in frei zusammenberufenen Versammlungen, also ganz überwiegend vor einem Laienpublikum, die Vorlage in Bausch und Bogen einseitig verurteilten und so aus dem anfänglich nur vorhanden gewesenen Beunruhigungsbazillus, wie Stephan sich im Reichstage launig ausdrückte, ein wohlausgewachsenes Beunruhigungsmegatherium machten. Der Reichstag wurde demnächst mit Petitionen überschüttet. Auch der Berliner Magistrat entsandte (am 23. April 1891) eine solche Eingabe. Darin hieß es u. a.:

„Weil die Schaffung der Regalität nicht notwendig und in ihren Konsequenzen von nicht zu übersehender Tragweite ist, und in der ferneren allgemeinen Erwägung, daß überhaupt jede Verleihung von ausschließlichen Rechten, mag man sie Monopol, Regal oder anders benennen, in letzter Linie doch nichts anderes bedeutet als die Einschränkung von Rechten aller zugunsten einzelner, und daß eine derartige Einschränkung, wenn überhaupt, doch nur äußerstenfalls und beim Vorliegen dringendster öffentlicher Interessen zugestanden werden könnte, so möchten wir den Reichstag an erster Stelle bitten, das ganze Gesetz abzulehnen. Sollte jedoch der Reichstag hierzu nicht bereit sein, so muß die Errichtung von Telegraphen- und Fernsprechanlagen für den Lokalverkehr völlig freigegeben werden, insbesondere hinsichtlich der Fernsprechanlagen, um die Verbreitung dieses Verkehrsmittels zu fördern und eine Erschwerung in der Errichtung solcher Anlagen zu verhüten. Die Befürchtung, daß nach Verleihung der Regalität die Reichsbehörden für ihre Anlagen unter Berufung auf ihre Regalität und die von ihnen durchzuführenden öffentlichen Zwecke eine bevorzugte Stellung gegenüber anderen benachbarten elektrischen Anlagen in Anspruch nehmen werden, hat in allen gewerblichen elektrotechnischen Kreisen Deutschlands Platz gegriffen und die größten Beunruhigungen hervorgerufen."

Mit Forderungen dieser Art und Tragweite, bei deren Erfüllung die Einheitlichkeit des deutschen Telegraphen- und Fernsprechwesens ohne weiteres aufgehoben worden wäre, stand der Magistrat in Berlin keineswegs vereinzelt da. Die Anträge der die Gesetzesvorlage bekämpfenden Interessentenkreise gingen teilweise noch viel weiter. Man verlangte, auch das Recht der Errichtung von Telegraphen- und Fernsprechanlagen vom Regal auszuschließen und das Regal überhaupt nur für den entgeltlichen Fernverkehr in elektrischen Leitungen zu gewähren. Es sollten danach der Ortsverkehr allgemein, der unentgeltliche Fernverkehr in elektrischen Leitungen sowie die akustische und die optische Telegraphie vom Regal ausgenommen werden[28]). Die Antragsteller übersahen hierbei, daß ein ausschließliches Recht des Betriebes ein ausschließliches Recht der Errichtung zur Voraussetzung hat. Auch das Postgesetz verleiht der Postverwaltung bei gewissen „Beförderungen" das Recht, sie ausschließlich auszuführen. Dies ist aber nur dann möglich, wenn die Postverwaltung sich die dazu erforderlichen Verkehrsanlagen auch selbst herstellen kann. Die weiter geforderte verschiedenartige Behandlung des Orts- und des Fernverkehrs bei der Telegraphie und beim Fernsprechwesen war schon aus technischen Gründen nicht durchführbar, weil die Einrichtungen für den Ortsverkehr und die Anlagen für den Fernverkehr vielfach ineinandergreifen und sich gegenseitig ergänzen[28]). Was schließlich die akustischen und die optischen Telegraphen betraf, so erforderten auch hier das öffentliche Wohl und die Sicherheit des Vaterlandes, daß das Reich alle Telegraphen unterschiedslos in der Hand behielt. Insbesondere mußte bei den optischen Anlagen, die noch dazu älter waren als die elektrischen, der Möglichkeit eines Mißbrauchs an den deutschen Seeküsten unbedingt vorgebeugt werden[28]).

Bei dem lebhaften Widerstreite der Meinungen hatte Stephan mit der Vertretung der Gesetzesvorlage keinen leichten Stand, wenn er auch schließlich aus den langen und erregten Debatten, in denen er mit bekannter Meisterschaft seinen Mann stand, als unumstrittener Sieger hervorging. Niemals war bisher einer Vorlage, die dabei nur einen bereits bestehenden, in der historischen Entwicklung der Materie begründeten Zustand gesetzlich festlegen sollte, eine solche Summe von Mißverständnissen und Entstellungen aller Art angehängt worden. Nur dadurch ließ sich, wie damals der bekannte Zentrumsabgeordnete Dr. Hamacher im Reichstage sagte, die Aufregung, die gegen dieses Gesetz herrschte, begreifen. Stephan selbst bezeichnete sie als „den bekannten Kampf gegen Windmühlen". „Wenn ich mich" — setzte er hinzu — „inmitten einer solchen Kampfszene befinde, so habe ich mich seit langem daran gewöhnt, um die Sache ganz objektiv zu betrachten, einen Punkt außerhalb zu suchen, den Punkt des Archimedes gewissermaßen, von wo aus man den Hebel ruhiger Betrachtung anlegen kann. Und da sage ich mir denn: Wer nach 20 Jahren, vielleicht nur nach 10, möglicherweise auch schon nach 5 Jahren einmal die Verhandlungen (über die Gesetzesvorlage im Reichstage) wieder durchliest, der muß zu dem Ausspruch kommen: In curis inanibus consumitur aevum. Wir streiten uns tatsächlich in den Wolken herum. Daß das Schnellnachrichtenwesen unmittelbar unter der Macht der Regierung stehen muß, erheischen die Wohlfahrt der Nation, die gewaltigen Interessen, die sich für Handel und Verkehr daran knüpfen, sowie die Sicherheit des Vaterlandes in Friedens- und Kriegszeiten." Das, was die Erfahrung demnächst lehrte, hat die Richtigkeit dieses Stephanschen Grundgedankens, der von Anfang in ihm lebendig gewesen war, nur voll bestätigt.

Die Schwierigkeiten, die sich seiner Durchführung entgegenstellten, bis sie das Telegraphengesetz vom 6. April 1892 endgültig beseitigte, gingen aber nicht lediglich vom Publikum aus. Insoweit es sich dabei um die Ausübung des Fernsprechregals handelte, entstand bald nach der Einführung des Fernsprechers in den öffentlichen deutschen Verkehr bei Stephan die ernste Besorgnis, daß die der Reichs-Postverwaltung aus dem Reichshaushalt zur Verfügung stehenden Mittel nicht ausreichen würden, um daraus die Kosten für den Ausbau des Fernsprechwesens zu bestreiten, zumal gerade bei diesem neuen Verkehrszweige mit einer lebhaft einsetzenden Entwicklung zu rechnen war, nachdem erst einmal die Öffentlichkeit seine Vorzüge allgemein erkannt hatte. Um diese Befürchtung Stephans hinreichend zu verstehen, muß man sich vergegenwärtigen, daß im Jahre 1880 für die gesamte Reichs-Post- und -Telegraphenverwaltung die Ausgaben des ordentlichen Haushalts noch nicht 118 Millionen Mark ausmachten, während sie sich 10 Jahre später bereits auf 369 Millionen Mark und für das letzte Friedensjahr 1913 auf mehr als 713 Millionen Mark beliefen. Sodann aber war die Finanzlage des Reiches um 1880 wenig günstig, so daß die Bewilligung besonderer für Fernsprechzwecke angeforderter Mittel nicht nur bei den gesetzgebenden Faktoren, dem Bundesrat und Reichstage, sondern auch schon bei der Reichs-Finanzverwaltung auf nicht geringe Bedenken stoßen mußte. Um dem nach Möglichkeit zu begegnen, legte Stephan unterm 27. Januar 1881 dem damaligen Reichs-Schatzsekretär Scholz ausführlich die Gründe dar, weshalb dem Gesamtinteresse der Bevölkerung und des Landes dann allein voll genügt würde, wenn das Reich die Herstellung und den Betrieb der Stadtfernsprechanlagen ausschließlich selbst in die Hand nähme. Würden die dazu erforderlichen Mittel auch im Wege außerordentlicher Kreditbewilligung nicht gewährt, so müßte, um den Bedürfnissen des Verkehrs zu genügen, zur Konzessionierung von Privatunternehmungen geschritten werden. „In diesem Falle ginge aber ein wichtiges Verkehrsmittel auf einem der Reichskompetenz angehörigen Gebiet in die Hände von Privaten, sei es von Gesellschaften oder von Einzelunternehmern, über, und es würde damit ein Zustand analog dem geschaffen werden, den man damals in Preußen durch Verstaatlichung der Eisenbahnen gerade zu beseitigen beschäftigt war.“ Diese Ausführungen wirkten auf den Staatssekretär Scholz so überzeugend, daß er, ungeachtet der Finanzlage des Reiches, sich unterm 10. Februar 1881 Stephan gegenüber bereit erklärte, auch über die bei den ordentlichen Ausgaben des Reichshaushalts verfügbaren Mittel hinaus die Bereitstellung außerordentlicher Mittel zu befürworten, um die Herstellung der Stadtfernsprechanlagen auf Kosten des Reiches durchzuführen. Mit diesem wichtigen Zugeständnis in der Tasche begab sich Stephan unverzüglich, am 12. Februar 1881, zum Reichskanzler Fürsten Bismarck, hielt ihm über den Gegenstand Vortrag und erwirkte noch am selben Tage dessen Bestimmung, daß „die Stadtfernsprechanlagen von Reichs wegen hergestellt werden sollen, Konzessionen also nicht zu erteilen sind“.

7. Bau der ersten deutschen Stadtfernsprechanlage in Berlin durch die Reichspost. Emil Rathenau ist auf Ersuchen der Postverwaltung bemüht, Teilnehmer dafür zu gewinnen.

Mitte Juni 1880 erschien in den Berliner Zeitungen folgende Bekanntmachung:

„Fernsprechverbindungen für Berlin.

Um festzustellen, ob für Berlin ein Bedürfnis vorhanden ist, die Wohnungen, Geschäftslokale, Fabrikanlagen p. p. solcher Personen, die sich des Fernsprechers als Verkehrsmittel bedienen wollen, in entsprechende Verbindung zu bringen, und jedem Teilnehmer die Möglichkeit zu gewähren, sich zu jeder Zeit mit jedem anderen Teilnehmer mittels des Fernsprechers ins Vernehmen zu setzen, werden diejenigen Personen, die eine Einrichtung der vorstehend erörterten Art wünschen sollten, hierdurch aufgefordert, sich deshalb schriftlich oder während der Dienststunden von 9 Uhr vormittags bis 3 Uhr nachmittags persönlich an das Telegraphenbetriebsbureau des Reichs-Postamts, Französische Straße 33c, Zimmer 149, zu wenden, das die nähere Auskunft über die Einrichtungen und über die Bedingungen der Teilnahme erteilen wird.

Der Staatssekretär des Reichs-Postamts."

Mit der technischen Ausführung des Baues betraute das Reichs-Postamt einen in der Herstellung von Telegraphenanlagen wohlerfahrenen Reichs-Postbeamten (Telegraphensekretär Hackethal in Berlin). Die obere Leitung der Bauarbeiten lag in den Händen des Geheimen Postrats im Reichs-Postamt Ludewig. Außerhalb der Verwaltung stehende Personen hatten somit bei diesen technischen Arbeiten nicht mitzureden.

Von jener Bekanntmachung allein versprach sich nun Stephan, angesichts der auf diesem Gebiete bisher gesammelten Erfahrungen, keinen hinreichenden Erfolg. Es erschien ihm notwendig, daß das kaufmännische Berliner Publikum zur Betätigung eines wirklichen Interesses für die Sache noch besonders bearbeitet wurde. Das Reichs-Postamt ersuchte deshalb unterm 1. Juli 1880 die Ältesten der Kaufmannschaft von Berlin um Namhaftmachung einer Persönlichkeit, die für eine derartige, gegen Entgelt auszuübende Agententätigkeit geeignet erschien, also auch unter den Berliner Firmen Bescheid wußte. Die Ältesten schlugen dem Reichs-Postamt unterm 26. Juli 1880 zwei Berliner Herren hierfür vor. Der eine davon war der Ingenieur E. Rathenau, Eichhornstraße 5. Das Reichs-Postamt trat mit beiden durch einen seiner vortragenden Räte in Verhandlung, die dahin führte, daß Emil Rathenau die gedachte Tätigkeit auf vorläufig unbestimmte Zeit übernahm. In mehrfacher Hinsicht bemerkenswert ist der nachstehend hier erstmalig veröffentlichte Wortlaut eines Briefes, den Rathenau damals, während mit ihm noch verhandelt wurde, an jenen Referenten des Reichs-Postamts richtete.

„Berlin W, Eichhornstraße 5,
den 19. August 1880.

Herrn Geheimen Oberpostrat Krüger
hier.

Bezugnehmend auf die Unterhaltung, die ich mit Ew. Hochwohlgeboren am Dienstage zu führen die Ehre gehabt habe, ferner auf das gefällige Schreiben des Herrn Geheimrat Ludewig vom 5. a. c., kann ich meinen ergebenen Dank für das mir durch die bezügliche Offerte erwiesene Vertrauen hierdurch auszusprechen nicht unterlassen.

Wiewohl es mir zur hohen Ehre gereichen würde, unter den Auspizien der Reichs-Postverwaltung meine Tätigkeit dem Unternehmen zu widmen, dem ich seit Jahren meine Studien und Sympathien zugewandt habe, so möchte ich doch zu bemerken mir gestatten, daß die Stellung eines Agenten, lediglich zur Ermittlung von Teilnehmern für die allgemeine Fernsprechanlage in Berlin, meinen Neigungen und vielleicht auch Fähigkeiten weniger entsprechen würde als die eines Vertreters, welche die bezüglichen Vorfragen und Verhandlungen mit dem Publikum so zu erledigen gestattet, daß der Abschluß der Verträge ohne weiteres erfolgen könnte.

Meiner unmaßgeblichen Meinung nach würde dadurch erheblich nicht nur an Zeit und Mühen gespart, sondern die Sache selbst wesentlich gefördert und das Vertrauen des Publikums zu einem fachmännisch gebildeten Vertreter gestärkt. Denn wiewohl ich nicht zweifle, daß meine bisherigen Beziehungen zur Bank- und Handelswelt mir nicht weniger die Wege bahnen werden als meine vielen Verbindungen mit hervorragenden Industriellen aus der Zeit meiner Tätigkeit als Inhaber der Maschinenfabrik M. Webers, hier, und obgleich ich ferner voraussetzen darf, daß meine Erfahrungen als Ingenieur auf dem in Rede stehenden Gebiete nicht ohne Nutzen für meine Bestrebungen bleiben werden, so verhehle ich mir nicht, daß die Einwohner unserer Stadt neuen Einrichtungen gegenüber stets ungewöhnliche Kälte bewahrt haben, und daß auch das neue Unternehmen in den nächsten Jahren Schwierigkeiten nach dieser Richtung zu begegnen haben wird, welche eine vertrauenerweckende Stellung leichter zu überwinden vermag. Sollten übrigens Garantien für Erfüllung der zu erweiternden Befugnisse wünschenswert sein, so bin ich gern bereit, Sicherheiten zu bestellen.

Hinsichtlich einer für meine Bemühungen zu gewährenden Entschädigung enthalte ich mich jedes Antrages, stelle dieselbe vielmehr dem gefälligen Ermessen der Reichs-Postverwaltung anheim. Sollte aber meine Mitwirkung nur vorübergehend oder für einen verhältnismäßig kürzeren Zeitraum beansprucht werden, so würde ich unter Verzicht einer Entschädigung es als Ehrensache betrachten, an der Förderung eines Unternehmens mitgewirkt zu haben, welches segensreich für die Entwicklung des hauptstädtischen Verkehrs werden wird.

Ew. Hochwohlgeboren
ergebener
gez. Emil Rathenau."

Aus diesem Schreiben geht hervor, daß Emil Rathenau, der damals schon seit mehreren Jahren nach außen hin untätig in Berlin lebte, gern auf das ihm gemachte Anerbieten einging, obwohl es auch auf der von ihm gewünschten erweiterten Grundlage, die das Reichs-Postamt ihm bereitwillig zugestand, organisatorische oder andere bedeutende Aufgaben nicht in sich schloß: Bei Rathenaus Tätigkeit kam es darauf an, daß er durch persönliche Einwirkung in den ihm nahestehenden kaufmännischen Kreisen in Berlin für eine Beteiligung am Stadtfernsprechverkehr weitere Stimmung machte, daß er die für ein Abonnement gewonnenen Personen ein ihm von der Postverwaltung gedruckt geliefertes Vertragsformular unterzeichnen ließ und daß er den Interessenten außerdem an der Hand der im Reichs-Postamt ausgearbeiteten „allgemeinen Bedingungen für die Benutzung der Stadtfernsprecheinrichtung" sachgemäße Auskünfte erteilte.

Damit sich Emil Rathenau bei seiner Tätigkeit als Beauftragter der Reichs-Postverwaltung jederzeit ausweisen konnte, versah ihn das Reichs-Postamt mit einer Vollmacht nachstehenden Inhalts:

„Berlin W, den 6. September 1880.

Vollmacht.

Herr Emil Rathenau, Eichhornstraße 5, hierselbst, wird hierdurch ermächtigt, wegen Benutzung der Fernsprechanlagen, welche von der Reichs-Postverwaltung für Berlin angelegt werden, mit den Teilnehmern aus dem Kreise des Publikums die erforderlichen Verhandlungen zu führen und die entsprechenden Verträge, vorbehaltlich der diesseitigen Genehmigung, abzuschließen.

Reichs-Postamt II. Abteilung
gez. Budde."

Neben diesen Arbeiten übernahm es Emil Rathenau einige Monate später, im Auftrage des Reichs-Postamts mit den Ältesten der Kaufmannschaft von Berlin, vertreten durch den Geheimen Kommerzienrat W. Herz, die allgemeinen Bedingungen zu erörtern, unter denen Börsenbesuchern während der Börsenzeit der Fernsprechverkehr mit Teilnehmern an der Berliner Stadtfernsprecheinrichtung gestattet werden sollte. Nachdem die Bedingungen festgelegt worden waren, teilte Emil Rathenau sie den Börsenbesuchern durch Rundschreiben mit. Bis April 1881, wo dieser Sprechverkehr ins Leben trat, hatten sich ganze 26 Börsenbesucher als Teilnehmer gemeldet. Darunter befanden sich 22 Firmen und Bankhäuser und 3 Zeitungen (Rudolf Mosse — Berliner Tageblatt, National-Zeitung und Berliner Börsenkurier). In 9 von dem Ältestenkollegium hergerichteten Sprechzellen wurde der Verkehr in der Börse abgewickelt. (Die erste öffentliche Sprechstelle kam ein Jahr später dort in Betrieb.) Man sieht hieraus, wie zurückhaltend sich selbst die Berliner Börsenwelt der neuen Verkehrseinrichtung gegenüber verhielt, solange sich die Anlage noch nicht im Betriebe befand. „Eine beträchtliche Steigerung der Börsenverbindungen wird erst zu erwarten sein," — schrieb Emil Rathenau im Dezember 1880 an den Geheimen Oberpostrat Ludewig — „wenn durch bessere Kenntnis herrschende Vorurteile auch in diesen Kreisen besiegt sind." „Richtig", schrieb Stephan, dem Ludewig diesen Brief Rathenaus vorgelegt hatte, als Randvermerk dazu.

Auch die Anmeldungen aus dem Berliner Publikum für die geplante allgemeine Stadtfernsprecheinrichtung gingen nicht minder spärlich ein, trotz der Werbetätigkeit Rathenaus und nicht zuletzt auch der persönlichen Bemühungen Stephans, in den kaufmännischen Kreisen der Reichshauptstadt, mit denen den volkstümlichen Generalpostmeister vielseitige Beziehungen verknüpften, Abonnenten zu gewinnen. Nur „mit sanfter Gewalt bewog er einige Häupter von führenden Bankhäusern und industriellen Firmen Berlins, ihre Teilnahme an der Berliner Fernsprechanlage zu erklären, was unter Kopfschütteln und mehr aus Gefälligkeit als aus Überzeugung von den etwa zu erwartenden Vorteilen geschah"[29]). Als die eine der beiden für Berlin vorgesehenen Vermittlungsanstalten am 12. Januar 1881 in dem Telegraphendienstgebäude, Französische Straße 33 c, zunächst versuchsweise in Betrieb genommen wurde, hatte sie, sage und schreibe, 8 Teilnehmer. Es waren das die Mitteldeutsche Kreditbank, Bankgeschäft Jacob Landau, der Geheime Kommerzienrat G. von Bleichröder, die Direktion der Diskontogesellschaft, die Deutsche Bank, die Direktion der Großen

4*

Berliner Pferdeeisenbahn-Aktiengesellschaft, Bankgeschäft Carl Schlesinger — Trier (Behrenstraße 20) und Cäsar Wollheim (Kohlen und Metalle). In Berliner Zeitungen wurde damals auf dieses „Ereignis" mit folgenden, unter den tatsächlich obwaltenden Verhältnissen uns jetzt etwas heiter stimmenden Worten hingewiesen: „Mit jedem neuen Anschluß mehrt sich der Nutzen und die Bedeutung der allgemeinen Fernsprechanstalt auch für den einzelnen Teilnehmer. Da die Fernsprechzentrale vom Augenblicke der Inbetriebsetzung an zur großen Befriedigung der an sie Angeschlossenen arbeitet, haben sich sogleich mehrere Personen und Geschäftshäuser weiter als Teilnehmer in die Listen der Reichs-Telegraphenverwaltung eintragen lassen."

Das erste Berliner Teilnehmerverzeichnis erschien März 1881, als die Inbetriebnahme der ganzen Anlage bevorstand. Da es nur 48 Teilnehmer, einschließlich der 9 Börsensprechstellen, umfaßte, war es noch in Metalldruck hergestellt und bestand aus 4 halben Bogenseiten. Außer den schon genannten 8 Teilnehmern gehörten zu diesen ersten Abonnenten: Bankgeschäft Gebrüder Arons, Ferd. Vogts & Cie. (Zimmereinrichtungen), Geh. Kommerzienrat Liebermann, Rathenau & Arnheim (Tuch und Buckskin en gros), L. & S. Abraham (Gardinen und Möbelstoffe), Julius Isaac (Fischbein- und Rohrfabrik), Maschinenbauanstalt Carl Beermann, Bankgeschäft Goldstein, Pintus & Co., Brasch & Rothenstein (Spedition), Verlag der National-Zeitung, Siepermann (Direktor der Internationalen Eisenbahn-Schlafwagengesellschaft), Bankgeschäft Mendelsohn & Cie., Bank für Handel und Industrie, Bankgeschäft S. Frenkel, Zeitungsverlag des Berliner Börsenkuriers, Bankgeschäft Rob. Warschauer & Co., Bankgeschäft Cohn Bürgers & Co., Gebr. Buhlmann (Posamentierwaren), Goschenhofer & Röside (Wäsche), Vossische Zeitung, Adolf Salomon & Co. (Leder und Produkte), Buchdruckerei H. S. Hermann, J. Ravené Söhne & Cie., Herrmann Gerson, Treu & Nuglisch, Hofbuchdruckerei W. Möser, Verlag Rudolf Mosse (Berliner Tageblatt), Ingenieur E. Rathenau, Kühl & Röside (Passementerie) sowie das Reichsamt des Innern und die Reichsdruckerei.

Mit diesem Teilnehmerkreise wurde die Berliner Stadtfernsprecheinrichtung am 1. April 1881 endgültig eröffnet. Es hatte Stephan, der Postverwaltung und Rathenau, von dem über 1000 im Reichs-Postamt im Druck hergestellte Werbeschreiben losgelassen worden waren, wirklich Mühe gekostet, die kleine Schar, der sich Rathenau selbst noch mit anschloß, zusammenzubringen. Auch der technische Bau der Anlage war mit Schwierigkeiten verknüpft gewesen. Diese entsprangen mangelndem Entgegenkommen einzelner, nämlich der Besitzer der Häuser, bei denen sich die Notwendigkeit ergab, auf dem Dache Stützpunkte für die darüber hinwegführende Drahtleitung anzubringen. Die Widerstände, die hierbei in Berlin im Gegensatze zu andern Orten, wie Mülhausen (Els.) und Hamburg, überwunden werden mußten, waren teilweise so groß, daß trotz der vorläufig so geringen Ausdehnung der Berliner Fernsprechanlage drei Telegraphenbaubeamte damit zu tun hatten, um von jenen Hausbesitzern die erforderlichen Zustimmungserklärungen zu erlangen. Der damit verknüpfte Aufwand an Zeit und Mühe wäre noch größer gewesen, wenn nicht der Berliner Magistrat durch eine Bekanntmachung in seinem Kommunalblatte sein reges Interesse für das neue Unternehmen bekundet und die Bezirksvorsteher ausdrücklich aufgefordert hätte, den Hausbesitzern klarzumachen, daß ihrerseits dem gemeinnützigen Zwecke der Verkehrsanlage durch möglichste Willfährigkeit am besten gedient werde. Die Stadt Berlin war außerdem so entgegenkommend, bei sämtlichen städtischen Gebäuden die Aufstellung von Leitungsstützpunkten bedingungslos zu gestatten. Kaum waren dann bis Frühjahr 1881 die Stützpunkte für die ersten Fernsprechleitungen angelegt worden, als der weiteren Ausbreitung des Fernsprechnetzes in der Reichshauptstadt ein neues Hindernis erstand. Das war die Blitzgefahr. Hatten die Hausbesitzer, als ihnen die Zustimmungserklärungen von der Postbehörde während des Winters abgerungen wurden, daran noch nicht gedacht, so trat sie ihnen jetzt um so lebendiger vor Augen, zumal Leute, die von der Sache in Wirklichkeit nichts verstanden, in wissenschaftlich gefärbten Aufsätzen von den Fernsprechgestängen auf den Dächern zu orakeln wußten, daß sie bei Gewittern geradezu eine Gefahr für die

Häuser bedeuteten. So zog sich bei den Berliner Hausbesitzern eine schwere Wolke des Unmuts zusammen, die ihren entschiedensten Einspruch gegen die bereits aufgestellten oder weiter geplanten Dachstützpunkte der Fernsprechleitungen auslöste — bis das erste große Gewitter Mitte Juni 1881, das über Berlin niederging, auch hier seine reinigende Wirkung ausübte. Selbst die stärksten elektrischen Entladungen ließen die gesamte oberirdische Stadtfernsprechanlage unberührt, und es zeigte sich, daß sie mit ihren eingebauten, zur Erde führenden Blitzableitungen statt gefahrbringend zu wirken, im Gegenteil einen Schutz gegen die Blitzgefahr bildete. Mit dieser Erkenntnis war für die Entwicklung der Berliner Stadtfernsprechanlage nunmehr freie Bahn geschaffen. Noch gerade zur rechten Zeit. Denn mit so kritischen Augen auch das Berliner Publikum selbst noch die Vorbereitungen für die Herrichtung der Anlage betrachtet hatte — nun, wo sie im Gange war und dank ihrer gediegenen Ausführung vom ersten Tage an einwandfrei arbeitete, wurde man sich der Vorzüge, die sie bot, plötzlich in einem Maße bewußt, daß die Postverwaltung alle Hände voll zu tun bekam, um die sich meldenden neuen Teilnehmer anzuschließen. Als Ende Juni 1881, wo sich die Zahl der Abonnenten inzwischen bereits verdreifacht hatte, an einem Tage über 400 Verbindungen in Berlin ausgeführt worden waren, schrieb die Vossische Zeitung (in ihrer Nummer vom 2. Juli) hierzu folgendes: „Welche Leistung hierin enthalten ist, wird leicht übersehen. Rechnet man jede verbundene Leitung im Durchschnitt nur $1\,{}^1/_2$ km lang — in Wirklichkeit sind deren bis 13 km Länge vorhanden —, so werden durch 400 Verbindungen $2 \times 1200 = 2400$ km Botengänge (hin und zurück) erspart. Nimmt man die Tagesleistung eines Boten auf 24 km an, so wird demnach die Dienstleistung von 100 Boten entbehrlich, die indessen auf den ganzen Tag verteilt werden müßte, während der Hauptfernsprechverkehr auf die Stunden von 9—2 Uhr fällt. Die Hauptsache bleibt aber für die Teilnehmer die Zeitersparnis. Diese beträgt für 2400 km täglich bei rund 15 Minuten Zeitaufwand für 1 km nicht weniger als 600 Stunden! Von welchem Vorteil es außerdem ist, im unmittelbaren mündlichen Verkehr die bei

Bestellungen durch andere und bei flüchtigen Notizen sonst vorkommenden Irrtümer und Mißverständnisse vermeiden zu können, vermag nur der Beteiligte im ganzen Umfange zu ermessen." Der Verfasser dieser Notiz hätte zur Vervollständigung der Vorzüge des neuen Berliner Verkehrsmittels unbedenklich auch noch

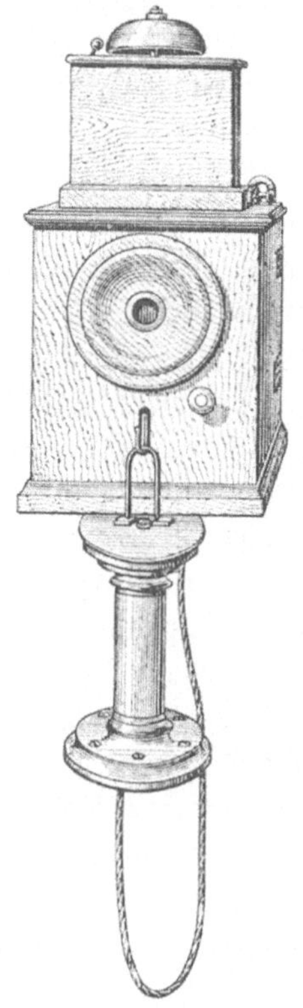

Abb. 7. Erster Siemensscher Fernsprecher für Sprechstellen.

dessen Billigkeit mit anführen können angesichts der Höhe des Jahresabonnements in anderen Ländern. Denn während der Teilnehmer in Frankreich (ausschließlich Paris) 400 Franken = 320 Mark und in Paris selbst 600 Franken = 480 Mark, in England 450 bis 500 Mark und in New York sogar 1060 Mark[30]) bei einer bis 2 km langen Anschlußleitung zu zahlen hatte, verlangte die Reichspost dafür nur 200 Mark.

Die technischen Anlagen der jungen Berliner Stadtfernsprecheinrichtung zogen alsbald die Aufmerksamkeit anderer Verkehrsverwaltungen auf sich. Schon in den beiden ersten Betriebsmonaten kamen u. a. aus Belgien, Frankreich und Ägypten höhere Fachbeamte und Ingenieure nach Berlin, um die Bauausführung sowie die Einrichtung der Sprechstellen und der Vermittlungsanstalten eingehend zu studieren.

Die Sprechstellen der Teilnehmer waren mit zwei patentierten Siemensschen Fernsprechern ausgestattet, von denen der eine zum Hören, der andere zum Geben diente. Bei jedem Teilnehmer war außerdem ein Klingelweckerwerk aufgestellt, das sich selbsttätig ein- und ausschaltete. In der Fernsprechvermittlungstelle stand jede der eingeführten Anschlußleitungen mit einer Signalvorrichtung in Verbindung. Diese brachte beim Anruf eines Teilnehmers ein elektrisches Läutewerk zum Tönen und ließ gleichzeitig dessen Teilnehmernummer in die Erscheinung treten. Die einzelnen Signalvorrichtungen waren, zu je 50 zusammen, in einem schrankartigen Behältnis untergebracht (Klappenschrank). Durch besondere Umschaltevorrichtungen war dafür gesorgt, daß die an zwei verschiedene Klappenschränke herangeführten Teilnehmerleitungen sowohl innerhalb derselben Vermittlungsanstalt als auch zwischen verschiedenen Vermittlungsanstalten miteinander verbunden werden konnten[31]).

Noch im ersten Betriebsjahre (1881) mußten infolge ständiger Zunahme der Teilnehmerzahl neben den beiden vorhandenen Vermittlungsanstalten (Französische Straße 33 c und Mauerstraße 74) zwei weitere (Oranienburger Straße 35 und Köpenicker Straße 122) eingerichtet werden. Sie befanden sich sämtlich in reichseigenen Postgebäuden. Die erste öffentliche Fernsprechstelle wurde in Berlin am 15. August 1881 beim Postamt 64 (Unter den Linden) eröffnet.

Mit dem Zeitpunkt der endgültigen Inbetriebnahme der Berliner Stadtfernsprechanlage legte das Reichs-Postamt den weiteren Ausbau und die Betriebsleitung in die Hände der Berliner Oberpostdirektion. Der Ingenieur Emil Rathenau, der bis dahin in einem Zimmer des Telegraphendienstgebäudes Französische

Straße von 10—12 Uhr vormittags Sprechstunden für das Publikum in Fernsprechsachen abgehalten hatte, setzte dies und die von ihm betriebene Gewinnung von Teilnehmern nur noch für kurze Zeit weiter fort. Anfang Juni 1881 legte er nach insgesamt neunmonatiger Betätigung seine Geschäfte nieder, weil die neue Verkehrsanlage fortan einer besonders für sie wirkenden Werbearbeit nicht mehr bedurfte. Als derselbe Emil Rathenau als Generaldirektor der Allgemeinen Elektrizitätswerke in Berlin am 20. Juni 1915 das Zeitliche gesegnet hatte, unterließ der Staatssekretär des Reichs-Postamts Kraetke nicht, in dem längeren Beileidstelegramm, das er an die A. E. G. richtete, auch jener weit zurückliegenden Tätigkeit Rathenaus zu gedenken, was mit den Worten geschah: „Sein Name ist verknüpft mit der ersten Einführung des Fernsprechers in Deutschland."

8. Was andere aus der Tätigkeit Rathenaus später gemacht haben.

Auch in den Betrachtungen über das Leben und Wirken Emil Rathenaus, die die Zeitungen und Zeitschriften nach seinem Hinscheiden veröffentlichten oder die als Abhandlungen für sich im Buchhandel in den letzten Jahren erschienen sind, finden wir Rathenaus Betätigung bei der Einführung des Fernsprechers in Berlin oder — was etwa dasselbe besagt — in Deutschland mehr oder weniger ausführlich dargestellt. Nur weicht der Inhalt dieser Ausführungen meist sehr wesentlich von dem vorstehend Geschilderten ab, das sich auf amtliche Quellen und die sonst vorhandene Fachliteratur stützt. Jene Emil Rathenau gewidmeten Aufsätze und Schriften stehen deshalb nicht nur in sehr wichtigen Punkten mit den Tatsachen in Widerspruch sondern sind geradezu geeignet, die Dinge auf den Kopf zu stellen. In etwas findet dies seinen Grund darin, daß Emil Rathenau selbst wenige Jahre vor seinem Tode sich über einzelne Vorgänge aus der Zeit der Einführung des Fernsprechers in Deutschland mündlich in dem Sinne geäußert hat, als ob Stephan im Gegensatze zu ihm selbst die Bedeutung des Fernsprechers nicht sogleich erkannt und sich erst nachträglich zu Rathenaus Auffassung bekannt habe. In einer Rede, die Rathenau am 12. Dezember 1908 anläßlich der Feier seines 70. Geburtstages hielt und in der er einen Rückblick über seine Lebensarbeit gab, kam er nämlich auch auf die von ihm — März 1880 — beim Berliner Polizeipräsidium nachgesuchte Konzession zu sprechen. „Um den vom Polizeipräsidenten erhobenen Einspruch zu beseitigen, suchte ich“ — so führte Rathenau aus — „den Generalpostmeister Stephan für die Durchführung meines Planes zu gewinnen. Aber sein sonst so weiter Blick war diesmal umschleiert. Stephan meinte, daß nach seiner Schätzung nur 23 Anschlüsse in der Reichshauptstadt erwartet werden könnten. Besser informiert, bot er mir später die Einführung des Telephons im öffentlichen Dienst auf Kosten des Reiches an; ich akzeptierte diese Stellung, um mich mit dem Wesen der elektrischen Industrie vertrauter zu machen.“

Aus dem, was in dem vorangegangenen Abschnitt ausgeführt worden ist, wissen wir, wie zweifelsvoll Rathenau selbst 1880 über die Aussichten für eine Beteiligung des Berliner Publikums an einer Stadtfernsprecheinrichtung geurteilt, und daß er also damals über die Sache genau so gedacht hat wie angeblich Stephan. Wir wissen ferner, daß Stephan damals auf das Rathenausche Konzessionsgesuch nicht deshalb nicht eingegangen ist, weil er die Bedeutung des Fernsprechers nicht erkannte, sondern weil er gerade aus der entgegengesetzten Erkenntnis heraus entschlossen war, die Einrichtung und den Betrieb von Fernsprechanlagen durch Privatunternehmungen wenn irgend möglich zu verhindern. Hat daher damals, nachdem Rathenau sein Konzessionsgesuch vorgelegt hatte, eine mündliche Unterredung zwischen ihm und Stephan über den Gegenstand stattgefunden und ist dabei eine Äußerung Stephans in dem Sinne gefallen, wie Rathenau sie erstmalig 1908, elf Jahre nach Stephans Tode, öffentlich zitierte, so läßt sich diese nur dahin verstehen, daß Stephan ihm damit die Pille, daß das Gesuch erfolglos blieb, etwas hat versüßen wollen. Stephan war, wie wir weiter oben gesehen haben, auch nicht durch Rathenau „besser informiert“ worden, als er einige Monate später an die Errichtung einer Stadtfernsprechanlage in Berlin heranging oder, wie sich Rathenau 1908 ausdrückte, „ihm später die Einführung des Telephons im öffentlichen Dienste auf Kosten des Reiches anbot". Auch mit dieser letzten Bemerkung trifft Rathenau nicht das Richtige. Als er 1880 mit seinem Konzessionsgesuche hervortrat, war der Fernsprecher als öffentliches Nachrichtenmittel schon seit mehreren Jahren bei der Reichs-Postverwaltung im Gebrauch. Rathenau weist selbst in seinem Konzessionsgesuche von 1880 darauf hin. Hat er aber 1908 etwa sagen wollen, daß ihm Stephan, d. h. das Reichs-Postamt, 1880 die Einrichtung der Stadtfernsprechanlage in Berlin angeboten oder übertragen habe, so ist das ebenfalls nicht zutreffend. Der Bau der Anlage und ihre gesamte technische Einrichtung hat von Anfang an in den Händen des Reichs-Postamts und von Fachbeamten gelegen, und es konnte für Stephan eine andere Lösung gar nicht in Frage kommen. Rathenaus Tätigkeit beschränkte sich, wie wir gesehen haben, auf die Gewinnung von Teilnehmern. Die Anregung dazu war vom Reichs-Postamt ausgegangen [32]).

Dem Generaldirektor Rathenau sind hiernach in seinen mündlichen [33]) Ausführungen von 1908 einige Irrtümer sowie Wendungen im Ausdruck unterlaufen, die Mißverständnissen Vorschub leisten. Demgegenüber darf man jedoch nicht vergessen, daß die von ihm dergestalt und nur mündlich behandelten Dinge schon fast ein Menschenalter zurücklagen. Infolgedessen wird ihm jener ausdrückliche Hinweis des Polizeipräsidenten v. Madai (s. S. 37), daß das Generalpostamt bereits mehrere Jahre, bevor Rathenau 1880 sein Konzessionsgesuch machte, die Errichtung einer Stadtfernsprechanlage in Berlin ins Auge gefaßt hatte, nicht mehr gegenwärtig gewesen sein. Auch ist es bei dem Umfang und der Vielseitigkeit von Rathenaus Lebenswerk erklärlich, wenn in einer zu einem Gesamtüberblick hierüber geformten Tischrede schließlich nicht jeder Satz und jede Wendung eine Prägung erfahren haben, die vor dem historischen Auge standhält und dabei zugleich die Einzelvorgänge in ihrem Zusammenhange jedermann klar verständlich wiedergibt. Daß Rathenau z. B. die Tatsache, daß der Fernsprecher bereits 1877 bei der Reichs-Postverwaltung eingeführt worden ist, nicht erwähnt, ist vielleicht deshalb geschehen, weil er hierbei überhaupt nicht mitgewirkt hatte und ihm ein Hinweis darauf in der Rede über sein Lebenswerk infolgedessen entbehrlich erschien. Bei dem mit diesen Vorgängen nicht vertrauten Zuhörer oder Leser der Rathenauschen Rede mußte dadurch allerdings die irrige Auffassung erweckt werden, daß Stephan bis 1880 den Fernsprecher überhaupt nicht gekannt habe und erst durch das Konzessionsgesuch Rathenaus auf das neue Verkehrsmittel hingewiesen worden sei. Leider haben nun auch Schriftsteller und Fachmänner, die den Inhalt der mündlichen Mitteilungen Rathenaus demnächst literarisch verwerteten, offenbar darauf verzichtet, auf die bisher bekannten historischen Vorgänge zurückzugehen, die wohl ausgereicht hätten, sie stutzig zu machen und den Gegenstand nicht so zu behandeln, wie es ihrerseits leider geschehen ist.

So schreibt Felix Pinner in einem Aufsatz über Emil Rathenau, den die Zeitschrift für Handelswissenschaft und Handelspraxis (Leipzig, Verlag C. E. Poeschel) 1913 veröffentlicht hat, u. a.:

> „In Philadelphia (1876) hatte Rathenau das Telephon und das Mikrophon [34]) zuerst praktisch brauchbar ausgeführt gesehen. Rathenau bot dem Generalpostmeister Stephan die Durchführung (für eine Berliner Telephonzentrale) in Reichsregie an. Aber Stephan versagte zunächst. Später kam er von selbst auf die Idee zurück; er bot Rathenau an, die Einführung des Telephons im öffentlichen Postdienst auf Reichskosten zu leiten. Rathenau akzeptierte, weil er mit der elektrischen Technik praktisch vertraut werden wollte. In der Zeit zwischen den ersten Verhandlungen mit Stephan und der Einrichtung der Telephonzentrale war Rathenau wieder auf Reisen gegangen."

In dem Buche „Emil Rathenau, der Mann und sein Werk", von Artur Fürst, Vita, Deutsches Verlagshaus, Charlottenburg, 1915, heißt es:

„Es berührt uns doppelt seltsam, daß Rathenau noch vor kaum vier Jahrzehnten selbst bei hervorragenden Männern recht wenig Verständnis für die Wichtigkeit des Gegenstandes fand. Aus seiner Telephonzentrale wurde zunächst nichts. Er verhandelte anfänglich mit der Stadt Berlin um die Erteilung einer Konzession. Bei Stephan fand Rathenau zuerst kein Interesse für seine Absichten. Der sonst so kluge, weitblickende Mann sah hier nicht über die Nasenspitze hinaus. So wurde Rathenau gezwungen, seinen Plan aufzugeben . . .“

In gedrängter Form wird derselbe Gegenstand in einem vom Vorstande des Vereins deutscher Ingenieure in ihrer Zeitschrift dem Andenken Emil Rathenaus gewidmeten Aufsatze 1915 wie folgt behandelt:

„(In Amerika) hatte Rathenau das Telephon kennengelernt. Überzeugt von der weitreichenden Möglichkeit der Benutzung dieses neuen Verkehrsmittels besuchte er, nach Berlin zurückgekehrt, Deutschlands Reichs-Postmeister Stephan[35]), um ihn zu ersuchen, das Telephon in Deutschland einzuführen. Aber Stephan wollte damals hiervon nichts wissen. Wir wissen heute, wie weit die Wirklichkeit die damaligen Hoffnungen Rathenaus, die den Fachmännern als zu phantastisch galten, noch übertroffen hat.“

Der Professor der Technischen Hochschule in Berlin, Geheime Regierungsrat A. Riedler, führt in seinem schon a. a. O. erwähnten Werke von 1916 „Emil Rathenau und das Werden der Großwirtschaft“ nachstehendes an:

„Nachrufworte haben den Anschein erweckt, als ob Rathenau auf der Philadelphiaer Ausstellung plötzlich seine neue erfolgreiche Tätigkeit gefunden und von da an ununterbrochen fortgesetzt habe. Rathenau fand nach dem Verlassen seiner Maschinenfabrik zunächst kein passendes Arbeitsfeld und blieb in scheinbarer Untätigkeit. Sein Vorstoß in das Gebiet der Genauarbeit und Massenherstellung mit der Schraubenschneidmaschine scheiterte; nun stürzte er sich auf das Telephon, das durch die Ausstellung bekannt und als interessantes Spielzeug benutzt wurde.

Den Plan, in Berlin ein Fernsprechnetz zu schaffen, konnte er nicht zur Ausführung bringen; er erhielt aber eine örtlich begrenzte Konzession zugesichert[36]). Ein Angebot an die Postverwaltung hatte auch keinen Erfolg, löste jedoch sofort grundsätzlichen Einspruch aus.

Es wird erzählt, die neue Sprechvorrichtung sei auch Bismarck vorgeführt worden, der die staatliche Bedeutung erkannt habe[37]). Stephan hat anscheinend auf das damalige Telephon nichts gegeben und gemeint, daß sich wohl kaum ein Dutzend Berliner an ein Sprechnetz anschließen würden. Doch hat er schließlich Rathenau beauftragt, im Postgebäude in der Französischen Straße eine Sprechstelle einzurichten. Stephan behielt recht; nur zehn Anmelder hat der Aufruf angelockt, als ersten den alten Bleichröder. Die Ausführung dieser Sprechstelle hat Rathenau bei den damaligen elenden Hilfsmitteln zwei Jahre Arbeit gekostet[38]). Er verließ das Unternehmen, als tausend Anschlüsse vorhanden waren, ohne für seine Mühe Entlohnung oder Auszeichnungen anzunehmen. Er hätte nach damaligem Herkommen vielleicht den schönen Titel eines ‚Königlichen Kommissionsrates' erringen können, zum ‚Kommerzienrat' hätte es sicher nicht gereicht. So war das ganze Erträgnis dieser Zeit staatlicher Tätigkeit ein ‚schönes Schreiben' der Postverwaltung. 1881 war dieses Zwischenspiel zu Ende. Abermals erwies sich die Zeit für das Neue unreif" [39]).

Diese Veröffentlichungen seien noch ergänzt durch die Wiedergabe einiger Ausführungen aus einem in der Zeitschrift „Die Bank" (Herausgeber Alfred Lansburgh in Berlin) Juli 1915 über Emil Rathenau erschienenen Aufsatz, in dem es u. a. heißt:

„Ein Mann wie der alte Generalpostmeister Stephan, der dem himmelstürmenden Rathenau seinerzeit trocken sagte: ‚Sie werden für Ihr Telephon keine zwei Dutzend Teilnehmer finden', figuriert heute als komische

Figur in der Geschichte der technischen Entwicklung, Seite an Seite neben seinem Vorgänger Nagler, der die Eisenbahn nach Potsdam mit den Worten ablehnte: ‚Meine vier Postkutschen pro Tag fahren halb leer, was soll da eine Eisenbahn?‘ Ob einmal der Tag kommt, da man aus dem übertriebenen neuerungsfeindlichen Gebaren dieser ‚Reaktionäre‘ den ethischen Kern, nämlich die Forderung einer gewissen sozialen Beharrung, herausschälen und sie als gleichberechtigte Vertreter einer Weltanschauung neben ihre Antipoden Siemens und Rathenau stellen wird?“

Um zwei weitere grobe Irrtümer, die dem Vater dieses Presseerzeugnisses noch unterlaufen sind, gleich mit zu berichtigen, sei festgestellt, daß der preußische Generalpostmeister von Nagler ein bedeutender, weitblickender Staatsmann gewesen und daß die ihm in den Mund gelegte, immer wieder zitierte Äußerung über den Wert der Eisenbahnen zu jenen übel erfundenen Legenden gehört, die sich offenbar nicht ausmerzen lassen. In Wirklichkeit dürfen wir in Nagler einen Vorkämpfer für den Bau von Eisenbahnen in Preußen erblicken, der namentlich auch für den Staatsbaugedanken lebhaft eingetreten ist, und es hat nicht an ihm gelegen, wenn diese großzügige Idee nicht gleich von vornherein, als man in Preußen Eisenbahnen zu bauen anfing, mit verwirklicht wurde[40]). Was dann den „alten Generalpostmeister Stephan“ angeht, so war Stephan zu der Zeit, die der Artikelschreiber im Auge hat, kein Mummelgreis, sondern 49 Jahre alt. Wenige Jahre zuvor, 1874, hatte er den Weltpostverein geschaffen und daneben die Reichs-Telegraphenverwaltung, die bis dahin eine militärische Behörde gewesen war, mit der Reichs-Postverwaltung zu einem Organismus verschmolzen (1876). Das junge Reichs-Post- und Telegraphenwesen erfreute sich unter Stephans Leitung eines Rufes im In- und Auslande, wie ihn keine andere Verkehrsverwaltung in der Welt aufzuweisen hatte. Dabei stand Stephan gerade in den achtziger Jahren, wo seine Verdienste den Höhepunkt erreichten, entsprechend der Vielseitigkeit seiner Interessen auch noch auf manchen andern Gebieten im Vordergrunde der öffentlichen Meinung. Dies gilt auch von seinen Beziehungen zur Technik und Elektrotechnik. In der Gedächtnisrede, die 1897 der damalige Vorsitzende des Elektrotechnischen Vereins in Berlin, Herr von Hefner-Alteneck, auf Stephan († 8. April 1897) gehalten hat, finden sich hierfür u. a. folgende charakteristische Belegstellen.

„Wenden wir uns zur Betrachtung dessen, was Stephan für unseren Verein und für die Elektrotechnik überhaupt, soweit sie außerhalb seines eigentlichen Berufes lag, gewesen ist, so müssen wir uns zurückversetzen in die Zeit, in der es noch keine Ampère, Volt und Ohm gab, und in der das elektrische Bogenlicht durch die Arbeiten einzelner so weit gefördert erschien, daß die ersten praktischen Beleuchtungen damit ausgeführt werden konnten. Wie fast immer in solchem Falle, war die allgemeine Meinung damals dem neuen Lichte durchaus nicht günstig. Für Bahnhöfe und dergleichen Räume wollte man es allenfalls gelten lassen, aber weiterhin nicht. Daß das elektrische Bogenlicht einen alle Beleuchtungstechniken beeinflußenden Wendepunkt bedeutete, indem es zum erstenmal eine wirkliche Lichtfülle brachte, wurde von den wenigsten erkannt. Stephan aber versäumte damals nicht, die neuen Beleuchtungsanlagen persönlich in Augenschein zu nehmen. Das Interesse, mit dem er es tat, war für uns alle erfrischend und ermunternd. Es war ihm eigen, ohne jemals sanguinisch zu sein, durch das Ungewohnte einer neuen Erscheinung sich in der richtigen Erkenntnis ihres inneren Wertes nicht beirren zu lassen. Unbekümmert um das Für und Wider der Meinungen, ließ er die erste elektrische Beleuchtung von Bureauräumen im Postgebäude der Spandauer Straße, damals noch mit der Jablochkoff-Kerze, und später dann u. a. die Beleuchtung des großen Apparatsaals des Haupttelegraphenamts in der Jägerstraße mit geteiltem Lampenlicht einrichten. Aber nicht nur die Bedeutung des Bogenlichtes war es, die Stephan erkannt hat: mit klarem Blick hat er auch erfaßt, daß dieses Licht nur die erste Erscheinung auf dem Gebiet einer neu aufstrebenden Industrie sei, derjenigen Industrie, die durch die Erzeugung mächtiger Strommengen mittels Maschinenkraft angebahnt war.

Als damals sein Freund, der unvergeßliche Werner von Siemens, die Schaffung eines Sammelpunktes für die wissenschaftlichen und technischen Bestrebungen auf diesem im Aufschwunge befindlichen Gebiet anregte, trat Stephan sofort mit der ihm eigenen Tatkraft für eine solche Schöpfung ein. So ist der Elektrotechnische Verein Ende 1879 entstanden. Es ist gewiß be-

Abb. 8. Generalpostmeister Dr. Stephan.

zeichnend für diese Zeit, daß das Wort ‚elektrotechnisch‘ erst von daher seine Entstehung hat [41]). Der Verleger der mit dem Verein eng verbundenen ‚Elektrotechnischen Zeitschrift‘ konnte bald von einer in der Geschichte solcher Zeitschriften fast beispiellos raschen Verbreitung berichten, die in erster Linie dem förderlichen Eintreten Stephans zu danken sei. Mit dem rückhaltlosen Einsetzen seiner Persönlichkeit bei Gründung des Vereins hat aber Stephan doch nur bewiesen, wie fest er von der inneren Lebensfähigkeit einer solchen Schöpfung überzeugt war. Ohne diese wäre auch der mächtigste Einfluß verloren gewesen und hätte nichts Dauerndes schaffen können."

So sah es in Wirklichkeit um den Mann aus, der nach der Ansicht jenes Kritikers „heute als komische Figur in der Geschichte der technischen Entwicklung figuriert". Noch 1891 hatte ihn der internationale Kongreß der Elektrotechniker in Frankfurt (Main) zu seinem Ehrenvorsitzenden erwählt. Und ausgesucht der „Antipode" dieses „Reaktionärs", der Generaldirektor Rathenau, war es, der auf diesem Kongresse namentlich der „weit ausblickenden und von großen Gesichtspunkten ausgehenden Kaiserlich Deutschen Postverwaltung, die die stete Entwicklung der elektrischen Kraftübertragung zu Beleuchtungs- und anderen Zwecken mit Wohlwollen und Interesse verfolgt und gefördert habe", seine Anerkennung zollte und den es, wie er noch hervorhob, mit Freude und Stolz erfüllte, an der Spitze unserer Verkehrsanstalten eine Persönlichkeit wie Stephan zu sehen.

9. Weiterer Ausbau des deutschen Fernsprechwesens.

Während die Stadtfernsprechanlage in Berlin noch versuchsweise (seit 12. Januar 1881) betrieben wurde, war bereits am 24. Januar 1881 eine weitere Anlage dieser Art in Mülhausen (Els.) dem allgemeinen Verkehr übergeben worden. Hier konnte der Betrieb gleich mit 71 Teilnehmern aufgenommen werden. Damit hatten die Mülhausener Industriellen, die vorwiegend zu diesen Teilnehmern gehörten, der Geschäftswelt der Reichshauptstadt zunächst den Rang abgelaufen. Die treibende Kraft, der die Stadt Mülhausen diese rege Beteiligung verdankte, war der Großindustrielle und Präsident der dortigen Industriegesellschaft August Dollfus gewesen. Ausgangs Juni 1880 hatte er bei Stephan brieflich um Herstellung einer Stadtfernsprecheinrichtung in Mülhausen gebeten. Bereits am 1. Juli 1880 antwortete ihm Stephan, indem er sein großes Interesse für den Bau solcher Anlagen an sich und für den ausgesprochenen Wunsch im besonderen ausdrückte und gleichzeitig mitteilte, daß die Oberpostdirektion in Straßburg angewiesen worden sei, alsbald für Mülhausen das Weitere in die Wege zu leiten. Auch in Mülhausen, das so beinahe die erste deutsche Stadt geworden wäre, die eine Stadtfernsprecheinrichtung erhielt, bewährten sich die technischen Betriebseinrichtungen von vornherein gut. Rasch hintereinander folgten jetzt gleichartige Anlagen in anderen deutschen Städten, zunächst in Hamburg, das am 16. April 1881 den Betrieb mit 206 Teilnehmern aufnahm, dann in Frankfurt (Main), Breslau, Cöln und Mannheim, die sämtlich noch 1881 eröffnet wurden. April 1882, also ein Jahr nach endgültiger Inbetriebnahme der Berliner Stadtfernsprecheinrichtung, waren im Reichs-Postgebiet 13 Städte mit derartigen örtlichen Anlagen vorhanden. Die Gesamtzahl ihrer Teilnehmer betrug 2277. Davon entfielen auf Berlin 750, Mülhausen (Els.) 100, Hamburg 554, Frankfurt (Main) 179, Breslau 76, Cöln 87, Mannheim 139, Magdeburg 48, Leipzig 186, Altona 28, Stettin 79, Elberfeld 40 und Barmen 11 Anschlüsse. Sechs Jahre später, 9. Juni 1888, wurde in Berlin bereits die achttausendste Fernsprechstelle fertiggestellt. Die Berliner Anlage hatte damit schon nach wenigen Jahren einen Umfang erhalten, wie ihn keine andere Stadt der Alten und Neuen Welt aufweisen konnte. Nach weiteren zehn Jahren, 1898, kam die Zahl der Berliner Sprechstellen (46 000) denen gleich, die damals ganz Frankreich zusammengenommen besaß. Bis zum Ausbruche des Weltkrieges war die Zahl der Sprechstellen in Berlin auf 155 000 angewachsen. 5 Millionen Gespräche wurden täglich in den Ortsnetzen des Reichs-Postgebiets abgewickelt. Die Zahl dieser Ortsnetze überhaupt hatte sich auf 5800 vermehrt. Seit der Jahrhundertwende waren alle vier Tage 3 Ortsfernsprechnetze sowie täglich 200 öffentliche und andere Sprechstellen geschaffen worden. In Bayern wurde die erste Stadtfernsprechanlage August 1882 in Ludwigshafen, in Württemberg Mai 1882 in Stuttgart eröffnet.

In der ersten Zeit ihres Bestehens dienten die Stadtfernsprecheinrichtungen lediglich dem Ortsverkehr. Bildeten sie doch gewissermaßen den Ersatz für den bis dahin zwischen Ortseinwohnern durch besondere Boten vermittelten Nachrichtendienst. Mit der wachsenden Teilnehmerzahl und der rasch zunehmenden Erkenntnis der Annehmlichkeiten der neuen Verkehrsmöglichkeit machte sich bald das Bedürfnis nach einer Erweiterung der Sprechbeziehungen geltend. Vor den Städten belegene Fabriken und andere gewerbliche Anlagen, wie auch Vororte und Nachbarorte, wurden allmählich an den Ortssprechverkehr mit angeschlossen. Neben dem Stadtverkehr entstand so der Vor- und Nachbarortsverkehr. Die ersten für diesen Zweck erbauten Verbindungsanlagen wurden 1882 zwischen Elberfeld-Barmen, Cöln-Deutz, Hamburg-Altona, Mülhausen-Gebweiler und Mannheim-Ludwigshafen in Betrieb genommen. Auch noch in den nächsten Jahren verblieb es bei der Herstellung von Verbindungsanlagen auf kürzere Strecken, weil der Stand der Apparattechnik und die Beschaffenheit der metallischen Leiter, auch nachdem man den Eisendraht verlassen hatte und zu Gußstahldraht übergegangen war, die Aufnahme eines Sprechbetriebes zwischen Ortsnetzen auf weitere Entfernungen vorerst noch nicht zuließen. Zwar war schon Ende 1883 der Versuch gemacht worden, zwischen den Stadtfernsprechanlagen von Berlin und Magdeburg, auf 178 km Entfernung, einen Sprechverkehr ins Leben zu rufen. Es zeigte sich aber, daß nur die beiderseitigen Börsensprechstellen miteinander verkehren konnten. Eine ausreichende Verständigung zwischen den Fernsprechteilnehmern beider Städte ließ sich noch nicht erreichen. Erst die weitere Vervollkommnung des Mikrophons (1887) und die um dieselbe Zeit nach vielen vorangegangenen Versuchen aufgenommene Benutzung von Bronzedraht, der sich dem Eisen- und Stahldraht wegen seines besseren Leitungsvermögens sehr überlegen zeigte, halfen auch über dieses Hindernis hinweg. Nunmehr entstanden rasch hintereinander Fernsprechverbindungsanlagen von immer größerer Länge. Auch über die Grenzen des Reiches hinaus nahm, von 1890 ab, der Sprechverkehr seinen Weg. Die Reichshauptstadt wurde der Mittelpunkt eines Fernsprechnetzes, das nicht nur alle wichtigen Orte Deutschlands umfaßte, sondern noch mit einer großen Zahl von Städten des Auslandes in Verbindung trat, darunter unmittelbar mit Wien, Budapest, Kopenhagen, Amsterdam, Basel (920 km), Paris (1198 km) und Mailand (1350 km). Mehr als 10 700 Orte des Reichs-Fernsprechnetzes unterhielten bei Ausbruch des Weltkrieges mit den Nachbarländern Sprechverkehr. Von den damals im Reichs-Fernsprechgebiete vorhandenen 21 780 Verbindungsleitungen waren 48 über 500 bis 600 km und weitere 41 mehr als 600 km lang. Die Zahl der auf den Verbindungsanlagen täglich geführten Gespräche hatte 1 Million überstiegen.

Neben den Fernsprecheinrichtungen der Städte rief die Postverwaltung von 1885 ab in einzelnen industriereichen Landstrichen, die durch gemeinsame Handels- und Verkehrsinteressen eng miteinander verknüpft waren, besondere Bezirksfernsprechnetze, u. a. in dem niederrheinisch-westfälischen, dem bergischen und oberschlesischen Industriebezirk, zur weiteren Förderung des Verkehrs ins Leben, deren Teilnehmer, wie bei den Stadtfernsprechanlagen, an Vermittlungsämter innerhalb des Bezirks angeschlossen waren und so unmittelbar miteinander verkehren konnten. Von solchen Bezirksnetzen sind noch jetzt fünf vorhanden.

Hatte der Fernsprecher bis Ende der achtziger Jahre auf dem flachen Lande nur dazu gedient, das Telegraphennetz weiter mit ausbauen zu helfen, so daß das Publikum bis dahin Gespräche nach auswärts bei den mit Fernsprecher betriebenen Telegraphenanstalten noch nicht hatte führen können, so wurde nunmehr, von 1889 ab, den Landbewohnern auch diese Möglichkeit erschlossen, und zwar zunächst im Verkehr mit Telegraphenanstalten der bezeichneten Art. 1897 ging die Postverwaltung dann noch einen bedeutenden Schritt weiter, indem alle mit Fernsprecher ausgestatteten Telegraphenanstalten den Charakter einer öffentlichen Fernsprechstelle erhielten, was den ländlichen Sprechverkehr sehr verbilligte. Auch konnte das ländliche Publikum fortan Gespräche mit Teilnehmern von Stadtfernsprechanlagen führen, soweit die mit Fernsprecher betriebenen Telegraphenleitungen der ländlichen Verkehrsanstalten in Telegraphenanstalten mit Stadtfernsprechbetrieb einmündeten. Diese Verkehrsverbesserungen sind für die deutsche Landwirtschaft von außerordentlicher Bedeutung geworden.

Der deutsche Stadtfernsprechverkehr hatte inzwischen einen Umfang erreicht, daß es in absehbarer Zeit verschiedener umfassender Maßnahmen bedurfte, um die weitere ständige Vermehrung der Fernsprechanlagen ohne Schwierigkeiten für den technischen Betrieb zu ermöglichen. In den Großstädten, namentlich aber in Berlin, ließ sich bei der fortgesetzt starken Zunahme der Teilnehmeranschlüsse voraussehen, daß die Führung zahlloser Leitungen über die Häuser wegen der damit verknüpften wachsenden Mehrbelastung der Dachgestänge auf die Dauer nicht mehr durchführbar sein würde. Stephan entschloß sich deshalb, noch bevor die Frage brennend geworden war, die bisherige Art der Leitungszuführung zu verlassen und die Linienzüge der großstädtischen Fernsprechanlagen in die Erde zu verlegen. Hiermit wurde 1890 bei der Berliner Stadtfernsprechanlage der Anfang gemacht. Die Fernsprechleitungen ruhen bei dieser unterirdischen Führung in Gestalt von Kabeln, die neuerdings bis zu 600 Aderpaare oder 1200 Einzeldrähte enthalten, in aus Formstücken gebildeten Zementkanälen. Diese gestatten die Einführung einer großen Zahl solcher Kabel und schützen sie zugleich vor Beschädigungen. Auf $4^1/_2$ Millionen km Länge ist das unterirdische Fernsprechnetz der Reichspost inzwischen angewachsen. Eine weitere allgemeine Systemänderung, mit der 1897, ebenfalls bei der Berliner Stadtfernsprecheinrichtung, begonnen wurde, war der Übergang zum reinen Doppelleitungsbetrieb, bei dem fortan jeder Anschluß eine Hin- und Rückleitung erhielt, während bis dahin einfach die Erde als Rückleitung benutzt worden war. Infolge dieser Maßnahme, die einen Kostenaufwand von rund 50 Millionen Mark verursachte, steigerte sich die Sprechverständigung bedeutend. Namentlich wurde damit auch der störende induktorische Einfluß beseitigt, unter dem der Fernsprechbetrieb durch die ausgangs der neunziger Jahre einsetzende bedeutende Vermehrung der elektrischen Beleuchtungs- und Kraftübertragungsanlagen sowie der elektrischen Straßen- und Kleinbahnen hatte leiden müssen.

Hand in Hand mit der Durchführung dieser großen telegraphenbautechnischen Aufgaben ging von Ende der achtziger Jahre ab eine durchgreifende Umgestaltung der technischen Einrichtungen

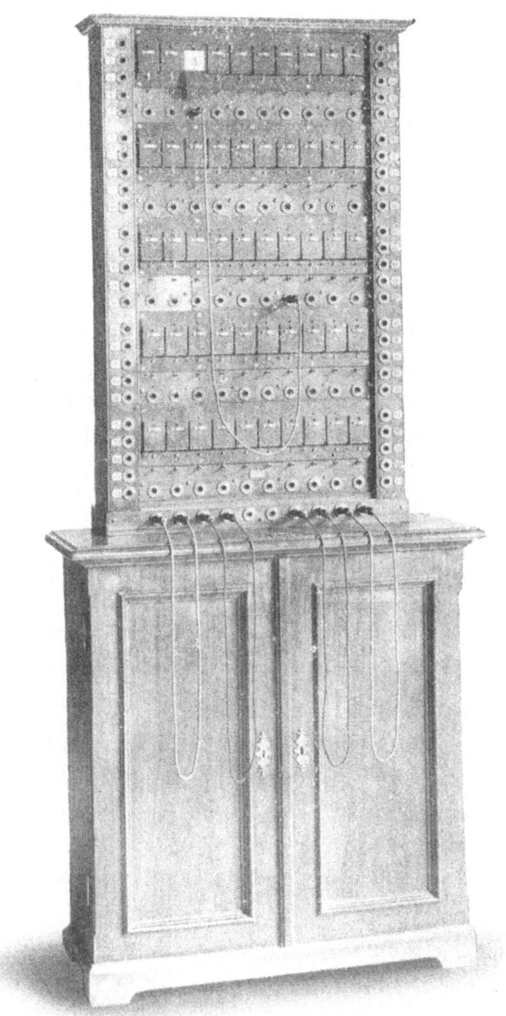

Abb. 9. Klappenschrank zu 50 Leitungen.

der Fernsprechvermittlungsanstalten. Die bisherigen Schalttafeln (Klappenschränke zu je 50 Leitungen) erwiesen sich in denjenigen Vermittlungsämtern als nicht mehr zulänglich, an die allmählich verschiedene Hunderte von Sprechstellen angeschlossen worden waren. Jede Teilnehmerleitung war nämlich bei diesen Schalttafeln an einen bestimmten Schrank herangeführt und innerhalb des Schrankes bis an einen mit einer Fallklappe versehenen kleinen Elektromagneten, der, sobald der Teilnehmer anrief, durch eine Stromquelle in Tätigkeit gesetzt wurde. In den größeren Vermittlungsanstalten bedurfte es deshalb, um zwei Teilnehmer miteinander zu verbinden, zumeist der Mitwirkung mehrerer, an verschiedenen Schränken arbeitenden Beamtinnen. Dies rief mancherlei Betriebserschwernisse, namentlich auch viel Lärm, hervor. In Amerika hatte inzwischen ein Umschalter für Vielfachbetrieb Eingang gefunden, bei dem die Teilnehmerleitungen durch sämtliche Schränke eines Amtes so hindurchgeführt waren, daß jede Beamtin von ihrem Arbeitsplatz aus mit Hilfe von Kontaktvorrichtungen jede gewünschte Verbindung selbständig, also auch unter Zeitgewinn, herstellen konnte. Bei den bedeutenden Vorteilen, die diese Vielfachumschalter gewährten, zögerte Stephan deshalb nicht, sie, trotz ihrer großen Kostspieligkeit, auch bei den Vermittlungsanstalten im Reichs-Postgebiet einzuführen, nachdem ihre Bauweise deutschen Firmen gelungen war. Ein solches Amt mit Vielfachumschaltern, bei dem, nebenbei bemerkt, neuerdings jene beim Anrufe sich senkenden Fallklappen zur Beseitigung der damit verknüpften Geräusche zart aufleuchtenden Glühlämpchen Platz gemacht haben, bildet ein kleines Wunderwerk der Technik. Zur Herstellung der erwähnten Kontaktverbindungen benötigen die Vielfachumschalter eines mittelgroßen, d. h. für 10000 Teilnehmeranschlüsse aufnahmefähigen Amtes nicht weniger als 360000 Kontaktstellen („Klinken"). Jede dieser kleinen Klinken ist dabei mit mehreren Drähten verlötet, die die Bestandteile von Verbindungskabeln bilden und in ihrer Gesamtzahl eine Länge von 30 km innerhalb des Amtes ausmachen. An Lötstellen überhaupt sind in einem derartigen Amte bei seiner Einrichtung etwa $1^1/_2$ Millionen anzufertigen. So erklären sich

Abb. 10. Fernsprechamt in Hamburg.

auch die hohen Kosten der inneren Einrichtung, die 800000 bis 1 Million Mark betragen.

Die ersten Vermittlungsämter, bei denen — Ende der achtziger Jahre — der Vielfachbetrieb eingerichtet wurde, waren diejenigen in Berlin, Hamburg, Breslau und Cöln. Gegenwärtig sind im Reichs-Postgebiet über 5300 Vielfachumschalter vorhanden. Das bedeutendste deutsche Fernsprechamt mit Vielfachumschaltern ist die 1910 eröffnete Fernsprechzentrale in Hamburg. Dieses Amt, das bei Ausbruch des Krieges über 45000 Hauptanschlüsse zählte, ist zugleich das größte Fernsprechamt der Welt, da es bis 80000 Anschlußleitungen aufnehmen kann.

Neben den Vielfachumschaltern, die durch Personal bedient werden, sind bei der Reichspost zur Ersparung von Betriebspersonal seit etwa 10 Jahren noch selbsttätige Fernsprechumschalter im Betriebe. Hier werden die Verbindungen auf automatischem Wege durch einen Schaltmechanismus hergestellt, den der rufende Teilnehmer in Gang setzt. Er bedient sich dazu einer Lochscheibe, an der er die Teilnehmernummer des von ihm gewünschten Anschlusses, also z. B. die Nummer 124 binnen wenigen Sekunden durch einfache Drehung auf 1, dann auf 2 und schließlich auf 4 einstellt. Alsbald beginnen hierauf im Vermittlungsamt ingeniöse kleine Apparate, die Wähler, ihre Tätigkeit und stellen die Verbindung mit dem gewünschten Teilnehmer her. Ebenso besorgt das Amt selbsttätig das Anrufen des Teilnehmers. Das ganze Personal des Vermittlungsamtes beschränkt sich hier sozusagen auf einen Mechaniker, der den Gang der Schaltapparate beobachtet und nach dem Rechten sieht. Bei größeren bereits vorhandenen Fernsprechnetzen läßt sich dieser vollautomatische Betrieb nicht ohne weiteres an die Stelle des gewöhnlichen Vielfachbetriebes setzen. Dazu bedarf es eines Überganges, der mit Hilfe des sogenannten halbautomatischen Betriebes erzielt wird. Das erste deutsche vollautomatische Amt wurde 1908 in Hildesheim, das erste halbautomatische Amt 1912 in Posen eröffnet. Mit Einschluß der zur Vermehrung der öffentlichen Fernsprechstellen im Stadt-, Vororts- und Nachbar-

Abb. 11. Wähleranlage des Selbstanschlußamts in Liegnitz.

ortsverkehr im Jahre 1899 eingeführten selbstkassierenden Fernsprechstellen (Fernsprechautomaten) waren Ende 1916 in den Fernsprechnetzen der Reichspost 1127000 Apparate im Betriebe, d. i. das 673fache des Apparatbestandes von 1881.

Schon gleich bei den ersten Versuchen mit dem Fernsprecher, die Stephan am 30. und 31. Oktober 1877 von Berlin aus nach auswärts angestellt hatte, waren namentlich auch unterirdische Drahtleitungen (Telegraphenkabel) benutzt worden. Zwei Kabeladern dienten dabei als Hin- und Rückleitung. Aus dem vorher Gesagten wissen wir, daß hierbei eine Verständigung überhaupt nur auf etwa 50 bis 70 km möglich war. Während es dann im Laufe der Jahre allmählich gelang, den Fernsprechverkehr in oberirdischen Leitungen bis zu einer gewissen Grenze auf weitere Entfernungen auszudehnen, blieb bei der Benutzung von Kabelleitungen lange Zeit hindurch die Sprechverständigung auf kurze Strecken beschränkt. Fernsprechkabel konnten deshalb bis vor mehreren Jahren, abgesehen vom Orts-, Nachbarorts- und Vorortsverkehr, wo etwa 80 v. H. der Leitungen unterirdisch verliefen, für den eigentlichen Fernverkehr nur in ganz geringem Umfange (mit 8,7 v. H. der Leitungen) benutzt werden, so u. a. als Fernsprechseekabel zur Verbindung der deutschen Nord- und Ostseeinseln (Norderney, Juist, Borkum, Fehmarn usw.) mit dem deutschen Fernsprechnetz. Noch mehr als in langen oberirdischen Leitungen zeigt sich nämlich in Kabelleitungen die Erscheinung, daß die in die Leitung eintretenden Sprechströme bei ihrem Wiederaustritt am Ende der Leitung z. T. wesentlich verringert und auch sonst verändert worden sind, was sich dann praktisch in einer unzulänglichen Übermittlung des gesprochenen Wortes äußert. Dem Professor Pupin an der Columbia-Universität in New York[42]) gebührt das Verdienst, daß er durch theoretische Untersuchungen nachgewiesen hat, wie sich diesem durch die Kapazität der Leitung[43]) hervorgerufenen Übelstande möglichst entgegenwirken läßt, nämlich mit Hilfe von Induktionsrollen, die in die Leitung in gewissen Entfernungen eingeschaltet werden. Nach der theoretischen Lösung dieses Problems mußte nunmehr versucht werden, das gleiche auch in der Praxis zu erreichen. Wieder war es die Firma

Siemens & Halske, die, vom Reichs-Postamt nachhaltig unterstützt, 1902 diesen Schritt unternahm. Auch in Amerika hatte man damals gleichartige Untersuchungen aufgenommen. Aber deren Ergebnisse blieben, wie Pupin später selbst anerkannt hat, erheblich hinter dem zurück, was die mehrere Jahre hindurch betriebenen praktischen Arbeiten der deutschen Firma zeitigten. Auf Grund dieser Ergebnisse gelangte die Reichs-Postverwaltung zu der Überzeugung, daß sich Fernsprechkabel bis zu 600 km und darüber hinaus unterirdisch vollwertig benutzen lassen, wenn etwa alle 1500 m Selbstinduktionsspulen nach dem Pupinschen System in die Kabeladern eingefügt werden, und daß sich ferner bei Einschaltung solcher Spulen in oberirdische Fernsprechleitungen (in Abständen von etwa je 10 km) auch hier die Grenze für eine hinreichende Sprechverständigung, die bis dahin nicht viel über 1000 km betragen hatte, fortan erheblich hinausrücken ließ. Da die Versuche zugleich ergaben, daß beispielsweise eine $2^1/_2$ mm starke mit Pupinspulen ausgerüstete oberirdische Fernsprechleitung (aus Bronzedraht) eine ebenso gute Verständigung gewährte wie eine 4 mm starke Bronzeleitung ohne Pupinspulen, bot die Anwendung dieses neuen Verfahrens auch wirtschaftlich bedeutende Vorteile. Bildet doch der Bronzedraht ein kostspieliges Leitungsmaterial. Folgendes kam noch hinzu. Da der Widerstand, den die Leitung an sich dem sie durchfließenden elektrischen Strom entgegensetzt, im geraden Verhältnis zur Länge der Leitung und im umgekehrten Verhältnis zum Leitungsquerschnitte steht, war man bis dahin genötigt gewesen, bei längeren Fernsprechleitungen, wie z. B. bei der internationalen Fernsprechleitung Berlin—Paris, bereits 5 mm starke Drähte zu verwenden. Dies belastete zugleich die Gestänge schwer und stellte so an ihre Tragfähigkeit hohe Anforderungen. Gerade die besonders wichtigen Fernsprechlinien waren deshalb in gesteigertem Maße Beschädigungen durch die Naturgewalt ausgesetzt. Nicht selten hatten Schneestürme Fernsprechlinien auf lange Strecken umgeworfen, so daß der Fernsprechverkehr dann vorübergehend ruhen mußte. In den Wintern 1909 und 1910 war aus diesem Grunde selbst die Reichshauptstadt tagelang von zahlreichen Orten abgeschnitten gewesen. Ganz abgesehen von den manchmal mehrere Millionen Mark betragenden Ausgaben, die allein die Wiederinstandsetzung der beschädigten Linienstrecken dem Reiche kostete, bedeuteten derartige weitgehenden Störungen des Sprechverkehrs in der heutigen Zeit, wo der Fernsprecher in seiner Bedeutung als Nachrichtenmittel seinen älteren

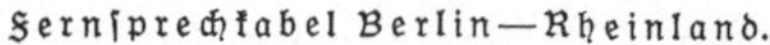
Fernsprechkabel Berlin—Rheinland.

Abb. 12. Schachtarbeiten beim Brunnenbau.

Bruder, den Telegraphen, bereits überflügelt hat, einen sehr empfindlichen Verlust für die nationale Wirtschaft. Auch können durch solche Unterbrechungen u. U. wichtige Staatsinteressen gefährdet werden. Die mit der Verwendung der Pupinspulen erzielten praktischen Ergebnisse waren daher in verschiedener Hinsicht von ganz besonderer Wichtigkeit. Ebenso wie die Reichs-Postverwaltung 1876 nach sorgfältigem Studium aller einschlägigen Fragen und nach in großem Maßstab angelegten, glücklich durchgeführten Versuchen als erste unter den übrigen Verkehrsverwaltungen Europas dazu übergegangen war, die wichtigsten Telegraphenlinien des Reiches unterirdisch zu verlegen, um sie damit dem Einflusse von Wind und Wetter ein für allemal zu entziehen, trat sie nunmehr an den Bau eines großen unterirdischen Fernsprechkabelnetzes in Deutschland heran. Als erste Fernkabellinie wurde eine solche von Berlin nach dem Rhein ins Auge gefaßt, die das verkehrsreiche rheinisch-westfälische Industriegebiet durchquerte. Nachdem der Reichstag die dazu erforderlichen bedeutenden Mittel bewilligt hatte, begann 1912

Fernsprechkabel Berlin—Rheinland.

Abb. 13. Montierter Pupin-Spulenkasten im Kabelbrunnen.

der Bau dieser rund 620 km langen Anlage. Allein in die 1914 bis Magdeburg fertiggestellte Teilstrecke (150 km) wurden 1200 Kabelbrunnen eingebaut, darunter gegen 90 zur Aufnahme von Pupin-Spulenkästen. Das Kabel dieser Teilstrecke, zu dessen Beförderung 300 Eisenbahngüterwagen erforderlich waren, hatte ein Gesamtgewicht von 3 Millionen kg. Die Länge der Kabeladern betrug dabei 15,6 Millionen m oder $^2/_5$ des Erdumfanges[44]). Daß die Weiterführung dieser großen Anlage nach Ausbruch des Weltkrieges nicht in dem Maße wie zuvor im Frieden betrieben werden konnte, ist klar. Anderseits hat gerade dieser Krieg noch mehr, wie es gelegentlich Naturereignisse vermocht haben, bewiesen, welcher außerordentliche Wert darin liegt, daß sich der Fernverkehr, nach Möglichkeit gesichert, jederzeit ungestört abwickeln kann, zumal es im Laufe des Krieges notwendig geworden ist, einen Teil der Fernsprechverbindungsanlagen ausschließlich den Zwecken der Heeresverwaltung zur Verfügung zu stellen und ihr auch die Benutzung der übrigen zu Gesprächen im weiten Umfange zu überlassen. Wie im eigenen Vaterlande, so ist über dessen Grenze hinaus im militärischen Etappen- und vor allem auch im Operationsgebiet der Gedanke jetzt überhaupt nicht mehr faßbar, den derzeitigen an Umfang geradezu riesenhaften militärischen Nachrichtendienst ohne den Fernsprecher abwickeln zu wollen. Nichts veranschaulicht die Entwicklung, die auch diese Art des Nachrichtenverkehrs in den letzten Jahrzehnten genommen hat, mehr als die Tatsache, daß man sich im Deutsch-Französischen Kriege noch ganz ohne den Fernsprecher hat behelfen müssen, ja daß selbst der Telegraph damals bei der Armee nur erst teilweise — nicht auch in der eigentlichen Kampffront — eine Rolle gespielt hat... „Jetzt folgt der Fernsprecher den Truppen bis zu den kleinsten Verbänden herab in das Gefecht. Im Stellungskampf ist die ganze Linie von einem Fernsprechnetze durchwirkt, das auch beim Übergange zum Bewegungskriege mit dem Vormarsche der Truppen nahezu gleichen Schritt hält. Der Fernsprecher gestattet einen unmittelbaren Gedankenaustausch der Führer untereinander sowie zwischen diesen und den Truppen binnen weniger Minuten bis in alle Einzelheiten hinein. Der Meldung kann der Befehl, dem Befehle der Vollzug ohne den geringsten Zeitverlust folgen"[45]). Wie sich dies in der Praxis vollzieht, davon liefert eine in einer Zeitschrift[46]) kürzlich veröffentlichte Mitteilung aus dem Felde folgendes sehr anschauliches Bild. „Im Verborgenen arbeitet und schafft der Telegraphist im Felde, teils im stillen Kämmerlein der Fernsprechstation, teils im feindlichen Granat- und Schrapnellfeuer, querfeldein zwischen den Stäben, den Artillerie- und Infanteriestellungen, unermüdlich bei Tag und Nacht: es gilt, zerschossene Leitungen zu flicken und sie der kämpfenden Truppe nutzbar zu machen. Wenig hört und sieht man von ihm.

Durch tiefe Stollen, die in die Erde eingelassen sind, gelangt man in das kleine unterirdische Reich des Fernsprechers, in dem der Telegraphist beim Kerzenschein bei Tag und Nacht am Klappenschranke seine Arbeit verrichtet. Mit größter Schnelligkeit werden auftretende Störungen beseitigt. Die Arbeit, die hierbei zu leisten ist, wird ersichtlich durch die Tatsache, daß das ganze Kampfgelände wie ein Spinngewebe von Fernsprechleitungen durchzogen ist, die der dauernden sorgfältigen Überwachung bedürfen. Bei Kampfhandlungen kann u. A. schon in weniger als zwei Minuten nach dem Sturm dem Armee-Oberkommando unmittelbar aus vorderster Stellung gemeldet werden, wie weit der betreffende Führer mit seiner Kompagnie vorgedrungen ist, auf welcher Stelle er sich zur Zeit befindet. Mit vorgebundenen Gasmasken folgen einige Telegraphisten den stürmenden Truppen durch den Hagel der Geschosse und flicken hier und flicken dort die vorgenommenen Leitungen, so daß die kämpfende Truppe in jedem Stadium des Kampfes ihre Meldungen telephonisch nach rückwärts geben kann. Vorn versieht der Telegraphist in stärkstem Feuer seine harte, verantwortungsvolle Arbeit, weiter rückwärts arbeitet er unermüdlich mit der Hand und mit dem Kopf an dem Ausbau eines Leitungsnetzes.“ Auch für die Marine und die Seekriegführung hat der Fernsprecher allmählich eine große Bedeutung erlangt. Hier liegt sie vornehmlich in der Schnelligkeit und Sicherheit, mit der die Befehls- und Nachrichtenübermittlung innerhalb des einzelnen Kriegsschiffes von der Schiffsleitung aus nach den Kommandostellen und unter diesen selbst mit Hilfe des Fernsprechers ausgeübt werden kann. Jedes Kriegsschiff ist heutzutage mit einem Netze von Fernsprechleitungen überzogen, dessen Gesamtlänge bei einem deutschen Großkampfschiff gegen 40 km beträgt. Die Zahl der Anschlüsse, die in einem solchen Panzer vorhanden sind und die sich wieder auf eine ganze Reihe von Fernsprechzentralen verteilen, beträgt mehrere hundert und kommt denen einer Stadt wie Wolfenbüttel, Gnesen oder Emmerich gleich.

* *
*

So hat der Fernsprecher seit dem Tage, wo er vor nunmehr 40 Jahren sich zum erstenmal in Berlin in seiner ganzen Unscheinbarkeit vorstellte, durch das, was mit seiner Hilfe zur Vervollkommnung der Verkehrseinrichtungen geschaffen werden konnte und erreicht worden ist, nicht nur für Handel und Wandel, Industrie und Landwirtschaft und jedes sonstige Gebiet friedlicher Tätigkeit, sondern auch in der neuzeitlichen Kriegführung eine weittragende Bedeutung gewonnen. Auch bei der Funkentelegraphie, die sich neben dem Fernsprecher in den letzten zehn Jahren zu einem in Krieg und Frieden gleich unentbehrlichen Verkehrsmittel von großer Vollkommenheit entwickelt hat, fällt ihm, nachdem er den Morseapparat in dieser Beziehung allmählich fast ganz verdrängt hat, die wichtige Aufgabe zu, für die vom Sender ausgehenden Telegraphierzeichen als Hörempfänger zu dienen. In weitem Umfange sehen wir den Fernsprecher ferner bei mannigfachen Einrichtungen verwandt, die die Reichspost über das Bedürfnis des eigentlichen Verkehrs hinaus zum Teil schon seit Jahrzehnten getroffen hat und noch immer weiter ausbaut, um durch den telegraphischen Unfall- und den Feuermeldedienst auf dem platten Lande, durch den in den Überschwemmungsgebieten der Hauptflüsse Deutschlands und ihrer wichtigeren Nebenflüsse eingerichteten telegraphischen Meldedienst über Hochwasser und Eisgänge, sowie mit Hilfe des Wetternachrichtendienstes, bei dem die Wettervorhersagen täglich durch 32000 Telegraphenanstalten dem Publikum bekanntgegeben werden, der Förderung des öffentlichen Wohles zu dienen[47]). Der schon erwähnte berühmte englische Physiker Silvanus P. Thompson hat 1883 den Ausspruch getan[4]), daß das Telephon die bedeutendste Erfindung sei, die je in der Geschichte der Wissenschaft zu verzeichnen gewesen ist. Ob sich diese Ansicht auch in der Gegenwart noch vertreten läßt, nachdem der Welt als neueste große Errungenschaft neben der drahtlosen Telegraphie inzwischen noch das lenkbare Luftschiff beschert worden ist, darüber Worte zu spinnen, kommt es hier nicht darauf an. Es genügt uns die Tatsache, daß der Fernsprecher für immer zu der kleinen Gruppe von Erfindungen zählt, die die Großtaten des menschlichen In-

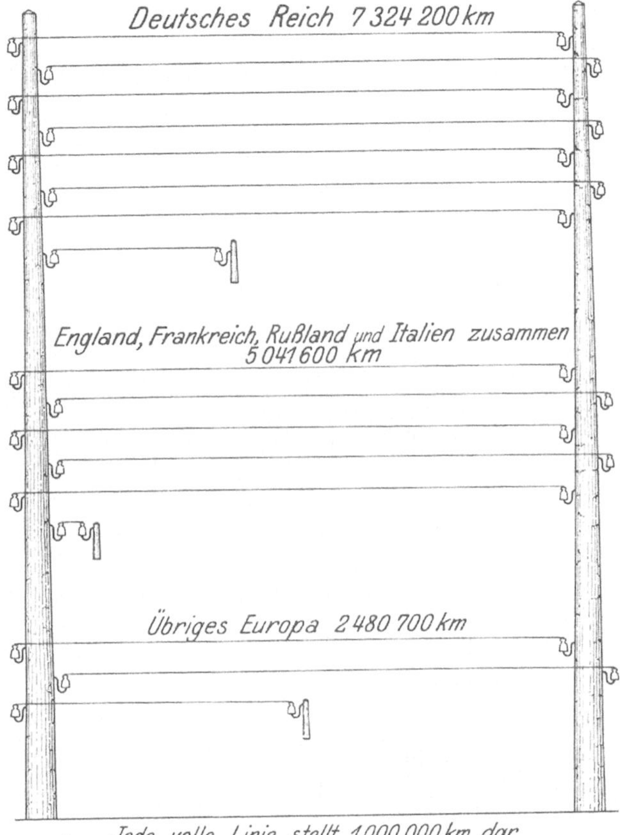

Abb. 14. Staatsfernsprechleitungen in Europa (Ende 1913).

geniums verkörpern. Deshalb ist es für das Land, in dem die Wiege des Fernsprechers gestanden hat, ein Triumph mehr, daß von seiner Mitte aus alles geschehen ist, nachdem diese Erfindung die Studierstube verlassen hatte, um sie für die Allgemeinheit nutzbar zu machen. Kein Land der Alten Welt hatte bisher auch nur annähernd eine ähnliche Entwicklung seiner mit Fernsprecher betriebenen öffentlichen Verkehrsanlagen aufzuweisen als das Deutsche Reich. Die Hälfte aller europäischen Fernleitungen entfällt allein auf Deutschland. Auf fast $1^1/_2$ Mil-

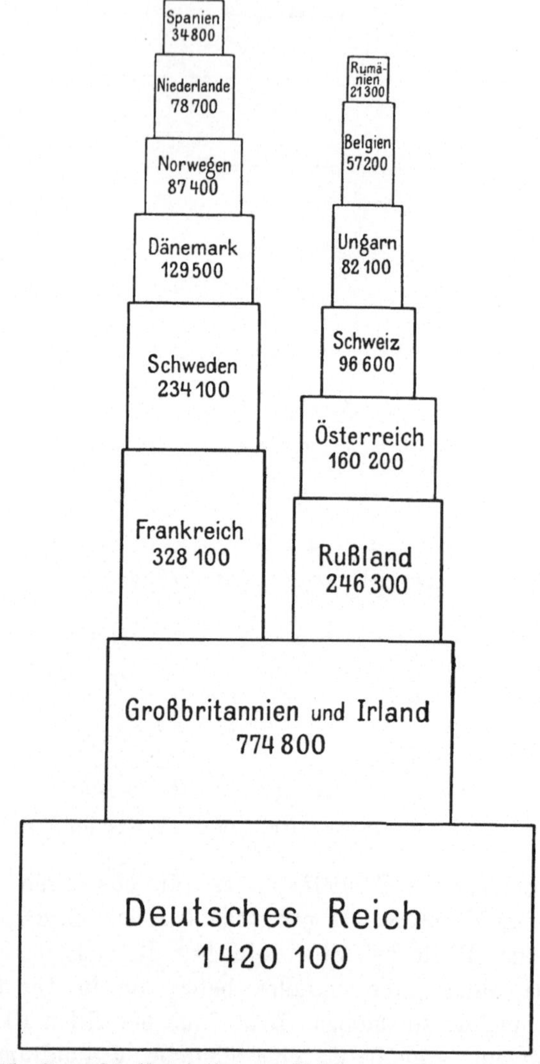

Abb. 15. Sprechstellen in den verschiedenen Ländern Europas (Anfang Januar 1914).

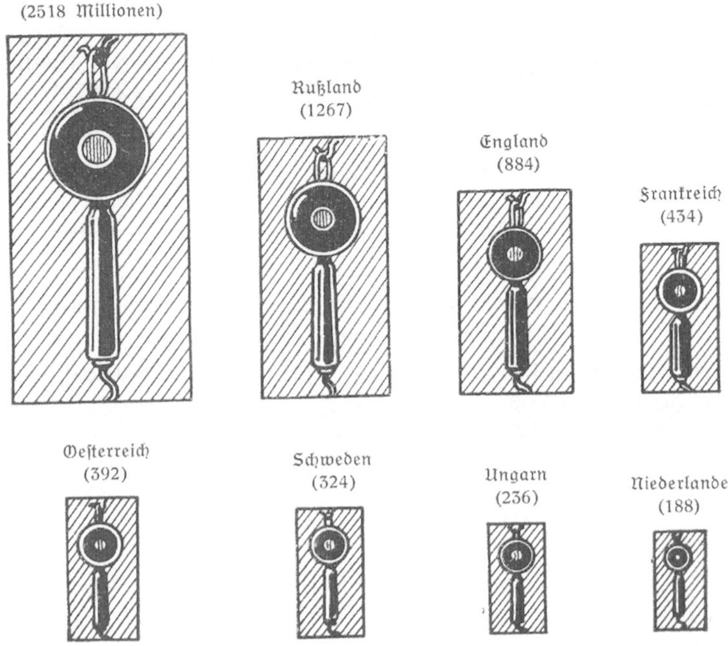

Abb. 16. Zahl der in den Hauptländern Europas im Jahre 1913 vermittelten Gespräche.

lionen belief sich bei Ausbruch des Weltkrieges die Zahl seiner Sprechstellen. Das ist beinahe das Doppelte von dem, was Großbritannien 1914 besaß (775000) und mehr als das Vierfache der Vermittlungsanstalten und Sprechstellen von ganz Frankreich (328000). Selbst den Vereinigten Staaten von Amerika, die schon nach Ausdehnung und Bevölkerungszahl für einen Vergleich mit Deutschland hier kaum in Betracht gezogen werden können, ist gleichwohl das deutsche Fernsprechwesen teilweise noch überlegen, nämlich durch die Intensität seines Verkehrs auf den Fernlinien. Während in den Vereinigten Staaten im Jahre 1912 13,7 Milliarden Gespräche vermittelt wurden, von denen 341 Millionen oder 2,5 v. H. auf Ferngespräche entfielen, hatte das Deutsche Reich im selben Jahre bei einer Gesamtzahl von 2,3 Milliarden Gesprächen 423 Millionen Ferngespräche aufzuweisen. Das bedeutet einen im Verhältnis mehr als siebenmal stärkeren Verkehr auf den deutschen Fernlinien. Hat schon der Weltkrieg nicht vermocht, diesem riesenhaften Verkehr Deutschlands in seiner Gesamtheit Abbruch zu tun — ist doch der Fernverkehr Berlins seit Kriegsausbruch sogar noch um 50 v. H. gestiegen, obwohl alle Sprechbeziehungen mit dem Auslande derweilen notgedrungen unterbunden sind —, so wird nach Eintritt des Friedens die Entwicklungskurve des deutschen Fernsprechwesens noch weiter himmelan steigen und dementsprechend den Stand des Verkehrs in den übrigen Ländern Europas hinter sich lassen. Dafür bürgt uns das, was auch dem Werdegange des Fernsprechers an sich den Stempel aufgedrückt hat: deutscher Geist und deutscher Wille.

10. Anmerkungen und Belegstellen.

1. Johann Philipp Reis, geboren 7. Januar 1834 in Gelnhausen, besuchte die Lehranstalt Garnier in Friedrichsdorf bei Homburg v. d. H. und das Hasselsche Institut zu Frankfurt. 16 Jahre alt, trat er auf Wunsch seines Vormunds als Lehrling in ein Farbwarengeschäft in Frankfurt (Main) ein. In seiner freien Zeit beschäftigte er sich mit Mathematik, Physik, Chemie und Mechanik und lernte auch das Drechslerhandwerk. Von 1854 ab, wo seine Lehrzeit zu Ende gegangen war, besuchte er die polytechnische Vorschule in Frankfurt und bildete sich daneben weiter wissenschaftlich fort, um Lehrer zu werden. 1858 trat er als solcher bei dem Garnierschen Institut in Friedrichsdorf ein. Hier errichtete er sich ein kleines Laboratorium, in dem er, soweit seine Lehrtätigkeit ihm dies irgend gestattete, namentlich physikalischen Arbeiten oblag und auch Modelle entwarf. Anfang der 60er Jahre begann er lungenleidend zu werden. Die Krankheit griff allmählich weiter um sich; er erlag ihr am 14. Januar 1874. 1885 wurde ihm zu Ehren in seiner Vaterstädt Gelnhausen ein Denkmal errichtet (s. Dr. Schenk, „Philipp Reis", Verlag von J. Alt, Frankfurt (Main), 1878, und „Ein Lebensbild von Philipp Reis", Verlag Steinhäußer, Homburg v. d. Höhe, 1899). Staatssekretär Stephan erwirkte 1888 für die Witwe des Erfinders aus dem Allerhöchsten Dispositionsfonds eine laufende Beihilfe, ebenso 1895 für die Tochter.

2. Von Dr. M. Kemmerich, Kultur-Kuriosa, Verlag Albert Langen, München, 1911, 2. Band, erstmalig erwähnt.

3. C. Matschoß, „Werner Siemens, ein kurzgefaßtes Lebensbild nebst einer Auswahl seiner Briefe", Verlag Julius Springer, Berlin 1916, Band 2, Brief 610.

4. Silvanus P. Thompson, „Philipp Reis, inventor of the telephone", London 1883.

5. Th. Karraß, Geschichte der elektrischen Telegraphie, Braunschweig 1909, S. 467ff.

6. Archiv für Post und Telegraphie 1895, S. 330.

7. Elektrotechnische Zeitschrift 1886, Heft 9.

8. „Das Telephon, eine deutsche Erfindung", von G. Hartmann, Frankfurt (Main) 1899.

9. Die ältesten 5 Urstücke befinden sich jetzt im Reichs-Postmuseum in Berlin.

10. Nachträglich, am 8. Dezember 1877, ging dem General-Postamt in Berlin noch eine ältere Nummer derselben Zeitschrift vom 31. März 1877 zu, die ebenfalls schon einen Aufsatz über Bells Telephon gebracht hatte. Es handelte sich dabei, wie auch aus der Vorgeschichte hervorgeht, um einen älteren Typ, der, wie das 1876 in Philadelphia ausgestellt gewesene Modell, noch mit zweischenkligen Elektromagneten ausgestattet war.

11. Das Generalpostamt sandte die Belltelephone am 24. November 1877 an Mr. Fischer nach London zurück und teilte ihm hierbei die Er-

gebnisse der inzwischen angestellten Sprechversuche und die Absicht mit, den Fernsprecher bereits in allernächster Zeit im Bereiche der Reichs-Postverwaltung als Verkehrsmittel zu benutzen. Im Jahre 1889 schenkte Mr. Fischer jene beiden Belltelephone Stephan für das Reichs-Postmuseum, das sie seitdem besitzt.

12. C. Matschoß, „Werner Siemens, ein kurzgefaßtes Lebensbild usw." Band 2, Brief 613.

13. Eine ausführliche Zusammenstellung der Hauptdaten des Überganges der Telephonie in Deutschland aus dem Bereiche vorwiegend theoretischer Versuche in den praktischen Dienst der Reichs-Postverwaltung enthält das Archiv für Post und Telegraphie von 1877, S. 711.

14. 1877 im Druck erschienen bei Julius Springer, Berlin.

15. Deutsche Patentschrift Nr. 6418.

16. C. Matschoß, „Werner Siemens, ein kurzgefaßtes Lebensbild usw." Bd. 2, Brief 609.

17. Vgl. Bd. 1, S. 131ff.

18. Denkschrift des Reichs-Postamts, „50 Jahre elektrische Telegraphie 1849/99".

19. Die Vereinigten Staaten von Amerika sind nahezu das einzige Land, in dem noch jetzt das Fernsprechwesen, wie auch das Telegraphenwesen, sich ausschließlich in den Händen von Betriebsgesellschaften befindet. Die bedeutendsten Telegraphengesellschaften sind die Western Union Telegraph Company und die Postal Telegraph Cable Company. Unter den Telephongesellschaften war viele Jahre hindurch die bedeutendste die 1878 gegründete Bell Telephone Co. Mit ihr hatte anfangs die Western Union einen Wettbewerb aufgenommen, indem sie als Telegraphengesellschaft auch Fernsprechämter errichtete und betrieb. Späterhin hörte diese Verquickung von zwei Verkehrszweigen im Betriebe einer Gesellschaft wieder auf. Als 1893 die Bell-Telephon-Patente in Amerika erloschen, wurden zahlreichere kleinere Telephongesellschaften gegründet, die sogenannten „independents", die der Bell-Gesellschaft wachsenden Abbruch taten. 1899 ging die Bell-Gesellschaft in der nunmehr das Übergewicht erlangenden American Telephon and Telegraph Co. auf.

20. Wittiber, Das Fernsprechwesen in den Vereinigten Staaten von Amerika, Archiv für Post und Telegraphie 1911, S. 498ff.

21. Archiv für Post und Telegraphie 1880, S. 232; Deutsche Verkehrszeitung Nr. 25 von 1880, S. 193.

22. Vortrag des Postinspektors im Reichs-Postamt Unger in der Sitzung des Elektrotechnischen Vereins in Berlin vom 27. Dezember 1881 (E. T. Z. 1882).

23. C. Matschoß, „Werner Siemens, ein kurzgefaßtes Lebensbild usw." Band 2, Brief 609.

24. Zeitschrift für angewandte Elektrizitätslehre Nr. 6 von 1879.

25. Archiv für Post und Telegraphie 1888, S. 323.

26. Bericht über die Ergebnisse der Reichs-Post- und Telegraphenverwaltung für 1906/1910.

27. Begründung zum Entwurf des Gesetzes über das Telegraphenwesen des Deutschen Reichs von 1891.

28. Aus den Beratungen der Reichstags-Kommission über den Telegraphengesetz-Entwurf, siehe auch Archiv für Post und Telegraphie 1892, S. 249 ff.

29. Veredarius, „Das Buch von der Weltpost“, Berlin 1894, Verlag von H. J. Meidinger, 3. Auflage, S. 236.

30. Deutsche Verkehrszeitung Nr. 45 von 1882, S. 399.

31. Deutsche Verkehrszeitung Nr. 51 von 1880, S. 405.

32. Ebenfalls am 12. Dezember 1908, an dem Rathenau jene Rede hielt, erschien in der „Zukunft“ (Herausgeber Maximilian Harden) ein Aufsatz über „Emil Rathenau“ von Ladon, in dem u. a. wiedergegeben ist, was Rathenau dem Verfasser damals aus seinem Leben angeblich erzählt hat. Inhaltlich deckt sich dies im allgemeinen mit den Angaben in der Rede bis auf folgende ausführlichere Stelle, die an das angebliche Gespräch Rathenaus mit Stephan anknüpft: „Ich legte gezwungen meinen Plan fürs erste ad acta und ging auf Reisen. Stephan hatte mir inzwischen geschrieben, er sei anderer Ansicht geworden. Ich solle nach Berlin zurückkommen und dort, auf Kosten des Reiches, eine Telephonzentrale einrichten. Nach meiner Rückkehr aus dem Engadin richtete ich zunächst die erste Telephonzentrale ein. Ich hatte zu dem Zweck mein eigenes Bureau im Reichs-Postamt in der Französischen Straße.“

33. Schriftliches über den Gegenstand hat Rathenau, soweit bekannt, nicht hinterlassen. Auch in einer in seinem Nachlasse vorgefundenen Skizze seines Lebenslaufes, die der Geheime Regierungsrat, Professor A. Riedler 1916 veröffentlicht hat („Emil Rathenau und das Werden der Großwirtschaft“, Berlin, Verlag von Julius Springer), findet sich, wie Riedler hervorhebt (S. 40), „das Telephon als angeblich aus Amerika fertig mitgebrachte Neuerung nicht erwähnt“.

34. Das Mikrophon wurde überhaupt erst 1878 erfunden. Bis sich dieser Apparat dann praktisch benutzen ließ, hat noch längerer Zeit bedurft (s. S. 25).

35. Rathenau war 1876 in Philadelphia. Noch in demselben Jahre kehrte er nach Deutschland zurück. Hier ist er mit seinem Plane, in Berlin eine Stadt-Fernsprechanlage herzustellen, erst 4 Jahre später hervorgetreten, nachdem der Fernsprecher bereits 1877 von der Reichs-Postverwaltung für den öffentlichen Nachrichtenverkehr eingeführt worden war.

36. Rathenau hat keinerlei Konzession zugesichert erhalten.

37. Herrn Geheimrat Riedler ist danach der denkwürdige Bericht Stephans an den Alt-Reichskanzler vom 9. November 1877 (s. S. 14ff.) unbekannt. Bereits nach dem Erscheinen des Riedlerschen Werkes hat Verfasser hierauf in der „Frankfurter Zeitung“ (Nr. 333 vom 1. Dezember 1916) hingewiesen.

38. Gemeint ist wohl ein Fernsprech-Vermittelungsamt. Rathenau hat jedoch auch hiermit nichts zu tun gehabt (s. S. 47). Die Herstellung des Vermittelungsamts nahm einige Monate in Anspruch. Sie lag ausschließlich in den Händen der Postverwaltung.

39. Diese Bemerkungen sind nicht recht verständlich, da Professor Riedler in einigen Sätzen zuvor gerade hervorhebt, daß Rathenau eine Entlohnung oder Auszeichnungen für seine Mühewaltung abgelehnt habe.

Tatsächlich hatte sich Rathenau in diesem Sinne auch bereits in seinem Briefe vom 19. August 1880 an den Geheimen Oberpostrat Krüger im Reichspostamt in nicht mißzuverstehender Weise ausgesprochen (s. S. 49).

40. Siehe auch Sautter, „Generalpostmeister von Nagler und seine Stellung zu den Eisenbahnen", Archiv für Post und Telegraphie 1916, S. 223.

41. In der Gründung des „Elektrotechnischen Vereins" ist — nach Werner v. Siemens — die Geburt der Elektrotechnik als eines gesonderten Zweiges der Technik zu erblicken.

42. Pupin, ein geborener Ungar, hat als Student u. a. auch die Berliner Universität besucht und dort unter Helmholtz gehört.

43. Verursacht schon der Widerstand des Leiters einen gleichmäßigen Abfall der elektrischen Spannung, so findet eine weitere Schwächung der elektrischen Wellen dadurch statt, daß die zunächst in die Leitung eintretende Elektrizität verbraucht wird, um die Leitung zu laden. Erst wenn dies geschehen ist, kann am anderen Ende der Leitung eine elektrische Spannung wirksam werden. So hat diese sogenannte „Kapazität" der Leitung eine Verzögerung des Stromverlaufs zur Folge. Die elektrischen Wellen üben nun ihrerseits wieder einen magnetischen Einfluß auf den eigenen Leiter aus, den man Selbstinduktion nennt und der dahin zielt, Veränderungen der Stromwellen vorzubeugen. Da hierzu aber die Selbstinduktion der Fernsprechleitungen an sich nicht ausreicht, bedarf es der Einschaltung besonderer Drahtrollen mit hoher Selbstinduktion. Dies war schon vor Pupin bekannt. Er hat seinerseits dann auf mathematischem Wege berechnet, wie groß in jedem Falle die Selbstinduktionsspule zu wählen und in welchem Abstande sie einzuschalten ist, um dem schädlichen Einflusse der Kapazität nach Möglichkeit zu begegnen.

44. Siehe den Aufsatz von Dr. A. Ebeling über die Verlegung des Fernkabels auf der Strecke Berlin—Magdeburg in der Elektrotechnischen Zeitschrift 1914, Heft 25/26.

45. „Nachrichtenmittel im Kriege einst und jetzt", von Oberst Immanuel, Militär-Wochenblatt Nr. 152 von 1907.

46. Deutsche Postzeitung Nr. 25/26 vom 1. Juli 1917.

47. Neuerdings sehen wir den Fernsprecher auch mit großem Erfolge verwandt, um den vielen tausend Menschen ihr beklagenswertes Geschick zu erleichtern, die an hochgradiger Schwerhörigkeit leiden, und denen gegenüber deshalb die ärztliche Kunst versagt. Wie die Erfahrung gelehrt hat, ist es mit Hilfe besonders gebauter Fernsprecher möglich geworden, dem verbliebenen Reste des Gehörs auch die Lautzeichen noch wahrnehmbar zu machen, die das kurze Sprachrohr nicht übermitteln kann, weil sie nicht aus der unmittelbaren Umgebung des Schwerhörigen herrühren. Der Schwerhörige ist dadurch in der Lage, Vorträgen, Konzerten und Theateraufführungen zu folgen und sich damit Genüsse zu verschaffen, die für ihn sonst unerreichbar bleiben (s. Frankfurter Zeitung vom 20. Juni 1917, Nr. 168). Diese Errungenschaft erscheint um so bemerkenswerter, als der Fernsprecher in seiner Urform durch Reis dem Bau des menschlichen Ohres nachgebildet worden ist.

Druck der Spamerschen Buchdruckerei in Leipzig.

Inhaltsangabe.